高等教育立体化精品系列规划教材

Excel 2010
立体化实例教程

◎ 吴红梅 刘建卫 主编

◎ 练源 常村红 副主编

U0224535

人民邮电出版社

北 京

图书在版编目（CIP）数据

Excel 2010立体化实例教程 / 吴红梅，刘建卫主编
. -- 北京：人民邮电出版社，2014.7（2017.12重印）
高等教育立体化精品系列规划教材
ISBN 978-7-115-35358-0

Ⅰ. ①E… Ⅱ. ①吴… ②刘… Ⅲ. ①表处理软件－高
等学校－教材 Ⅳ. ①TP391.13

中国版本图书馆CIP数据核字（2014）第070793号

内 容 提 要

本书主要讲解如何使用Excel 2010制作各种办公表格，主要内容包括Excel基础知识，以及Excel在日常办公、档案记录、人事招聘、员工培训、绩效考核、薪资管理、生产控制、进销存管理、财务分析领域的应用等知识。本书在附录中还提供了常见Excel表格模板的索引，以方便用户更好地使用光盘中提供的大量表格模板素材。

本书由浅入深、循序渐进，采用项目教学讲解，各项目均以情景导入、任务目标、相关知识、任务实施、实训、常见疑难解析、拓展知识、课后练习的结构进行讲述。全书通过大量的案例和练习，着重于对学生实际应用能力的培养，并将职业场景引入课堂教学，让学生提前进入工作的角色中。

本书适合作为高等院校计算机办公相关课程的教材，也可作为各类社会培训学校相关专业的教材，同时还可供 Excel 软件初学者自学使用。

- 主　　编　　吴红梅　　刘建卫
  副 主 编　　练　源　　常村红
  责任编辑　　王　平
  责任印制　　杨林杰
- 人民邮电出版社出版发行　　　北京市丰台区成寿寺路11号
  邮编 100164　　电子邮件 315@ptpress.com.cn
  网址 http://www.ptpress.com.cn
  固安县铭成印刷有限公司印刷
- 开本：787×1092　1/16
  印张：14　　　　　　　　　　2014 年 7 月第 1 版
  字数：323 千字　　　　　　　2017 年 12 月河北第 4 次印刷

定价：38.00 元（附光盘）

读者服务热线：(010)81055256　印装质量热线：(010)81055316
反盗版热线：(010)81055315
广告经营许可证：京东工商广登字 20170147 号

前 言 PREFACE

近年来，随着高等教育的不断改革与发展，高等教育的规模也在不断扩大，课程的开发逐渐体现出职业能力的培养、教学职场化和教材实践化的特点，同时，随着计算机软硬件日新月异地升级，市场上很多教材的软件版本、硬件型号以及教学结构等内容都已不再适应目前的教授和学习。

鉴于此，我们认真总结已出版教材的编写经验，用了2~3年的时间深入各地调研各类高等教育院校的教材需求，组织了一批优秀的、具有丰富的教学经验和实践经验的作者团队编写了本套教材，以帮助高等教育院校培养优秀的职业技能型人才。

本着"提升学生的就业能力"为导向的原则，本书在教学方法、教学内容和教学资源3个方面体现出自己的特色。

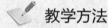 教学方法

本书精心设计了"情景导入→任务目标→相关知识→任务实施→实训→常见疑难解析→拓展知识→课后练习"教学结构，将职业场景引入课堂教学，激发学生的学习兴趣；然后在职场项目的驱动下，实现"做中学，做中教"的教学理念；最后有针对性地解答常见问题，并通过课后练习全方位帮助学生提升专业技能。

- **情景导入**：以主人公"小白"的实习情景模式为例引入本项目教学主题，并贯穿于项目的讲解中，让学生了解相关知识点在实际工作中的应用情况。
- **任务目标**：对本项目中的任务提出明确的制作要求，并提供最终效果图。
- **相关知识**：帮助学生梳理基本知识和技能，为后面实际操作打下基础。
- **任务实施**：通过操作并结合相关基础知识的讲解来完成任务的制作，讲解过程中穿插有"知识提示"、"多学一招"两个小栏目。
- **实训**：结合任务讲解的内容和实际工作需要给出操作要求，提供操作思路及步骤提示，让学生独立完成操作，训练学生的动手能力。
- **常见疑难解析**：精选出学生在实际操作和学习中经常会遇到的问题并进行答疑解惑，让学生可以深入地了解一些提高应用知识。
- **拓展知识**：在完成项目的基本知识点后，再深入介绍一些命令的使用。
- **课后练习**：结合本项目内容给出难度适中的上机操作题，让学生强化巩固所学知识。

教学内容

本书的教学目标是循序渐进地帮助学生掌握使用Excel 2010解决各种常见问题的能力，全书共分为10个项目，内容分别如下。

- **项目一**：主要讲解Excel 2010的基础知识，包括工作表的基本操作、数据的输入与

编辑、单元格格式的基本设置等内容。

- **项目二至项目三**：主要讲解Excel在日常办公和档案管理领域中的应用，包括数据的填充、图形对象的应用、数据有效性、数据安全等内容。
- **项目四至项目五**：主要讲解Excel在人事招聘和员工培训领域中的应用，包括公式与函数的应用、数据管理、图表、透视表、透视图的应用等内容。
- **项目六至项目七**：主要讲解Excel在绩效考核和薪资管理领域中的应用，包括样式、条件格式、合并计算、超链接、组织结构图、公式审核、特殊排序的应用等内容。
- **项目八至项目十**：主要讲解Excel在生产控制、进销存管理和财务分析领域中的应用，包括规划求解、模拟运算、宏、数据分析工具、工作簿的共享、修订的查看、接受和拒绝、常用财务函数、方案管理器的应用等内容。

 教学资源

本书的教学资源包括以下3方面的内容。

（1）配套光盘

本书配套光盘包含实例涉及的素材与效果文件、各项目中实训及习题的操作演示动画、与知识点对应的微课视频、模拟试题库以及模板库5个方面的内容。模拟试题库中含有丰富的关于Excel软件的相关试题，包括填空题、单项选择题、多项选择题、判断题、简答题、操作题等多种题型，读者可自动组合出不同的试卷进行测试。另外，光盘中还提供了两套完整模拟试题，以便读者测试和练习。

（2）教学资源包

本书配套精心制作的教学资源包，包括PPT教案和教学教案（备课教案、Word文档），以便老师顺利开展教学工作。

（3）教学扩展包

教学扩展包中包括方便教学的拓展资源以及每年定期更新的拓展案例两个方面的内容。其中拓展资源包含Excel教学素材和模板、教学演示动画等。

特别提醒：上述第（2）、（3）教学资源可访问人民邮电出版社教学服务与资源网（http:// www.ptpedu.com.cn）搜索下载，或者发电子邮件至dxbook@qq.com索取。

本书由吴红梅、刘建卫任主编，练源、常村红任副主编。虽然编者在编写本书的过程中倾注了大量心血，但书中恐百密之中仍有疏漏，恳请广大读者不吝赐教。

编者

2014年3月

目 录 CONTENTS

项目三 档案记录 55

项目四 人事招聘 77

项目五　员工培训　103

项目六　绩效考核　131

目录

项目七　薪资管理　149

项目八　生产控制　163

项目九　进销存管理　175

项目十   财务分析   193

附录   Excel常用表格模板查询   211

PART 1

项目一
Excel基础知识

情景导入

　　小白进入公司由老张带领，主要是使用Office软件快速处理文件，小白有一定的计算机基础，于是老张决定从Excel开始，学习如何快速制作表格。

知识技能目标

- 熟练掌握启动与退出Excel的方法。
- 熟练掌握工作表的保存、关闭、重命名、打印等基本操作。
- 熟练掌握输入与编辑数据、调整行高与列宽，以及设置单元格格式的方法。

- 了解销售任务的下达、实施和完成过程。
- 掌握"销售目标"、"客户档案表"、"日程安排表"等工作簿的制作方法。

项目流程对应图

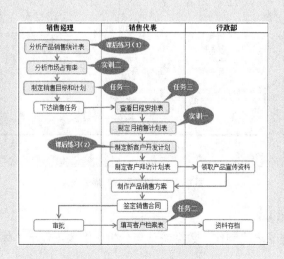

任务一 制作"销售目标"表格

销售目标表是指企业根据市场调查以及市场现状，结合企业以往的销售记录，以表格形式对下一年的销售额度进行预测，从而制定销售目标。通过销售目标表，可以使企业对下一年度的工作任务安排、销售指标有清晰的认识。销售目标按时间长短来分，可以分为周销售目标、月销售目标、季度销售目标、年度销售目标等。

销售目标的制定一定要实事求是，不能随意指定。不切实际的销售目标，不但对销售无益，还会对销售活动和生产活动带来负面影响。销售目标要有理有据，可根据如图1-1所示的流程制定。

图1-1 销售目标制定前的准备

一、 任务目标

新的一年开始，公司需要制定本年度的销售计划，在这之前，需要先做出一份"销售目标"表格，确定今年的销售额和销售数量，以便能更好地制作符合实际的销售计划。老张把这个任务交给了小白，让她来完成销售目标表的制作。本任务完成后的最终效果如图1-2所示。

 效果所在位置 光盘:\效果文件\项目一\销售目标.xlsx

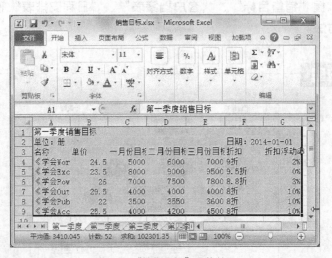

图1-2 "销售目标"最终效果

二、 相关知识

Excel是一款集电子表格制作、数据统计与分析、图表创建于一体的常用办公软件，通过它可以快速建立规范表格、可视化图表，以及进行数据计算等。在使用Excel 2010制作表格前先了解一下Excel的基础知识。

1．Excel 2010工作界面剖析

Excel 2010的工作界面主要由标题栏、快速访问工具栏、编辑栏、功能区、工作表编辑区、视图栏、状态栏等部分组成，如图1-3所示。下面分别讲解其主要组成部分的功能。

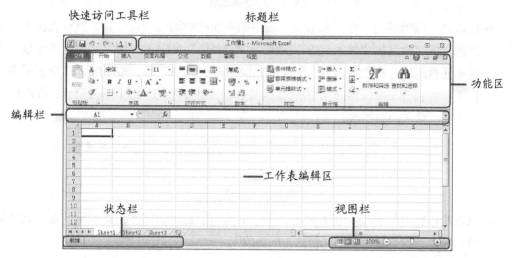

图1-3　Excel 2010工作界面

- **标题栏**：位于工作界面右上方，用于显示当前的文档名和程序名等信息，其右边的"窗口控制"按钮可控制窗口大小。单击"最小化"按钮 可缩小窗口到任务栏并以图标按钮显示；单击"最大化"按钮 则满屏显示窗口，且按钮变为"向下还原"按钮 ，再次单击该按钮将恢复窗口到原始大小；单击"关闭"按钮 可退出Excel程序。

- **快速访问工具栏**：默认情况下，快速访问工具栏中只显示常用的"保存"按钮 、"撤销"按钮 和"恢复"按钮 。单击"自定义快速访问工具栏"按钮 ，在打开的菜单中选择相应的命令 ，可将所选的命令按钮添加到快速访问工具栏中。

- **功能区**：功能区包括7个选项卡，每个选项卡代表Excel执行的一组核心任务，并将任务按功能分成若干个组，如"开始"选项卡中有"剪贴板"组、"字体"组、"对齐方式"组等。

- **工作表编辑区**：工作表编辑区是在Excel中编辑数据的主要场所，包括行号与列标、单元格和工作表标签等，如图1-4所示。行号以"1，2，3，…"阿拉伯数字标识，列标以"A，B，C，…"大写英文字母标识；单元格是Excel中存储数据的最小单位，一般情况下，单元格地址显示为"列标+行号"，如位于A列1行的单元格可表示为A1单元格；工作表标签则用于显示工作表的名称，默认情况下，一张工作簿中包含3张工作表，分别以"Sheet1"、"Sheet2"、"Sheet3"命名。

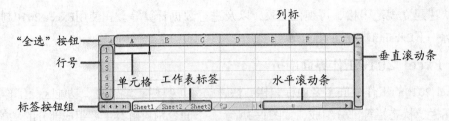

图1-4 工作表编辑区

● **编辑栏**：编辑栏用于显示和编辑当前活动单元格中的数据或公式，默认情况下，编辑栏包括名称框、"插入函数"按钮 f_x 和编辑框，如图1-5所示。名称框用于显示当前单元格的地址或函数名称，如在名称框中输入"A5"后，按【Enter】键表示在工作表中将选择A5单元格；单击"插入函数"按钮 f_x 可在表格中插入函数；在编辑框中可编辑输入的数据或公式。

图1-5 编辑栏

● **状态栏**：状态栏位于工作界面的底部，主要用于显示当前数据的编辑状态，包括就绪、输入、编辑等，并随操作的不同而改变。

2. 理解工作簿、工作表与单元格

工作簿、工作表与单元格是Excel的主要操作对象，它们也是构成Excel的支架。工作簿、工作表、单元格之间是包含与被包含的关系，即工作表由多个单元格组成，而工作簿中又包含一个或多个工作表，其关系如图1-6所示。

图1-6 工作簿、工作表和单元格之间的关系

● **单元格**：单元格是最基本的数据存储单元，通过对应的行号和列标进行命名和引用，且列标在前行号在后，如A1表示A列第1行的单元格。在单元格中可以输入文字、数字、公式、日期或进行计算，并显示实际结果。当单元格四周出现粗黑框时，表示该单元格为活动单元格。

● **工作表**：工作表是由行和列交叉排列组成的表格，主要用于处理和存储数据。新建工作簿时，系统自动为工作簿中的工作表命名为Sheet1、Sheet2、Sheet3，工作区中的工作表标签自动显示对应的工作表名，用户可根据需要对工作表重新命名。

● **工作簿**：工作簿用于保存表格中的内容，其文件类型为".xlsx"，通常所说的Excel

文件就是指工作簿。启动Excel 2010后，系统将自动新建的一个名为"工作簿1"的工作簿。一个工作簿可包含若干个工作表，因此，可以将多个相关工作表放在一起组成一个工作簿，操作时不必打开多个文件，直接在同一工作簿中进行切换即可。

知识提示　多个相邻单元格组成的区域称为单元格区域，其表示方法为：左上角的单元格名称:右下角的单元格名称，其中冒号需要在英文状态下输入。例如，B2:I7表示左上角为B2单元格、右下角为I7单元格的单元格区域。

三、任务实施

1. 创建快捷图标并启动Excel

在使用Excel 2010创建表格之前，需要在桌面创建Excel快捷方式图标，以提高工作效率。其具体操作如下。

STEP 1　单击Windows桌面左下角的"开始"按钮，在弹出的"开始"菜单中选择"所有程序"命令，在打开的列表中选择"Microsoft Office"文件夹。

STEP 2　展开文件夹下的内容，在"Microsoft Excel 2010"命令上单击鼠标右键，在弹出的快捷菜单中选择【发送到】/【桌面快捷方式】命令，如图1-7所示。

STEP 3　此时，将在桌面上创建Excel 2010的快捷图标，如图1-8所示。双击该图标即可启动Excel 2010。

图1-7　选择创建快捷方式命令

图1-8　创建的快捷方式图标

多学一招　在计算机中正确安装Office软件后，单击桌面左下角的"开始"按钮，在弹出的"开始"菜单中选择【所有程序】/【Microsoft Office】/【Microsoft Excel 2010】菜单命令，也可打开Excel 2010工作界面。

2. 重命名并新建工作表

当工作簿中有多个工作表时，则需要为工作表命名，以区分各工作表，从而方便进行查找。其具体操作如下。（拓展微课：光盘\微课视频\项目一\为工作表重命名.swf、新建工作表.swf）

STEP 1 进入Excel 2010工作界面后，在"Sheet3"工作表标签上单击鼠标右键，在弹出的快捷菜单中选择"插入"命令，如图1-9所示。

STEP 2 打开"插入"对话框，在"常用"选项卡中默认选择"工作表"选项，直接单击 确定 按钮即可，如图1-10所示。

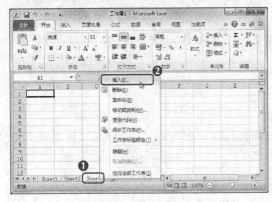

图1-9 选择"插入"命令　　　　　　　　　图1-10 插入工作表

STEP 3 此时将在"Sheet3"工作表之前插入"Sheet4"工作表。在"Sheet1"工作表标签上的单击鼠标右键，在弹出的快捷菜单中选择"重命名"命令，如图1-11所示。

STEP 4 此时，工作表标签呈黑底白字的可编辑状态，切换至中文输入法后，输入文本"第一季度"，然后按【Enter】键确认输入。

STEP 5 双击"Sheet2"工作表标签，使其呈可编辑状态，输入文本"第二季度"，然后按【Enter】键确认。

STEP 6 使用相同的方法，将"Sheet4"工作表标签名改为"第三季度"，将"Sheet3"工作表标签名改为"第四季度"，如图1-12所示。

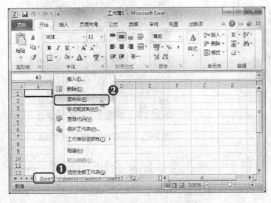

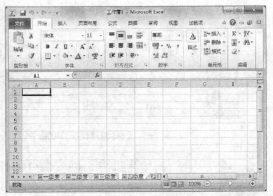

图1-11 选择"重命名"命令　　　　　　　　　图1-12 重命名工作表

3．输入数据并复制到其他工作表

成功插入并重命名工作表后，即可在表格中输入不同类型的数据，如常用的文本、日期、数值等。下面将在"第一季度"工作表中输入所需数据内容，其具体操作如下。

（🎬拓展微课：光盘\微课视频\项目一\复制与剪切单元格中的数据.swf）

STEP 1 单击"第一季度"工作表标签，然后在工作区中选择A1单元格，切换至中文输入法后，在其中输入"第一季度销售目标"，如图1-13所示。

STEP 2 按【Enter】键确认输入后，在自动选择的A2单元格中输入数据"单位：册"，如图1-14所示。

图1-13 输入标题 　　　　　　　　　　图1-14 输入单位

STEP 3 按【Tab】键选择当前单元格右侧的单元格，这里按5次【Tab】键选择F2单元格，并在其中输入数据"日期：2014-01-01"，如图1-15所示。

STEP 4 单击鼠标选择A3单元格，并在其中输入文本"名称"，按【Tab】键选择B3单元格，并在其中输入文本"单价"，如图1-16所示。

图1-15 输入日期 　　　　　　　　　　图1-16 输入表头

STEP 5 按照相同的操作思路，输入工作表中的剩余数据（具体数据信息可参考对应的效果文件），如图1-17所示。

STEP 6 在"第一季度"工作表中选择A1单元格后，在按住【Shift】键的同时再单击G9单元格，选择工作表中的所有数据，如图1-18所示。

图1-17 输入剩余数据 　　　　　　　　图1-18 选择单元格中的所有数据

STEP 7 按【Ctrl+C】组合键或在【开始】/【剪贴板】组中单击"复制"按钮，如图1-19所示，进行数据复制操作。

STEP 8 单击"第二季度"工作表标签，并选择A1单元格，然后按【Ctrl+V】组合键或在【开始】/【剪贴板】组中单击"粘贴"按钮，如图1-20所示，即可完成数据的复制操作。

STEP 9 使用相同的方法将数据复制到"第三季度"和"第四季度"工作表中。

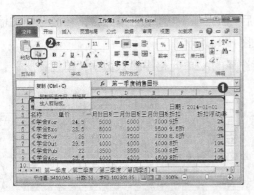

图1-19 选择"复制"命令

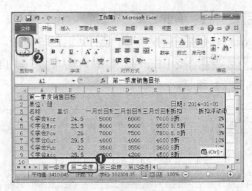

图1-20 选择"粘贴"命令

4．保存工作簿后退出Excel

下面将对制作好的工作表进行保存，以免数据信息丢失，其具体操作如下。（🎬拓展微课：光盘\微课视频\项目一\将工作簿保存到桌面.swf）

STEP 1 单击"快速访问工具栏"中的"保存"按钮💾，如图1-21所示。

STEP 2 打开"另存为"对话框，在"保存位置"下拉列表中选择工作簿的目标保存位置，这里选择"项目一"文件夹，在"文件名"下拉列表中输入"销售目标"文本，然后单击 保存(S) 按钮，如图1-22所示。

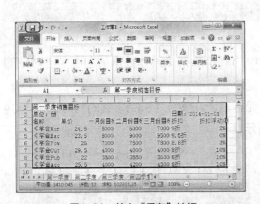

图1-21 单击"保存"按钮

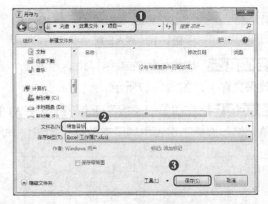

图1-22 设置保存参数

STEP 3 此时，Excel工作界面的标题栏名称将自动显示为保存的文件名，如图1-23所示。单击标题栏右侧的"关闭"按钮 ✕ ，退出Excel程序。

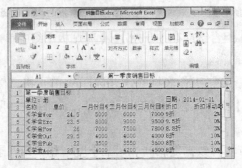

图1-23 退出Excel程序

对已保存过的工作簿进行修改后，退出Excel程序时系统会自动弹出一个提示对话框，单击保存(S)按钮，表示保存修改内容并退出Excel；单击不保存(N)按钮，则表示不保存修改内容并退出Excel；单击取消按钮，表示取消退出操作。

知识提示

任务二 编辑“客户档案表”表格

填写客户档案表可以帮助公司快速了解该客户的实际情况，从而帮助公司分析是否保留该客户，或者与该客户进行更进一步的商务来往。填写一份详细的客户档案表，不仅可以节省公司资源，还可有效管理新老客户。

一、任务目标

在熟悉Excel的基础知识后，小白主动要求完成“客户档案表”的编辑工作。在此之前，老张还特意帮助小白巩固了数据输入与管理的相关知识，让小白对数据的相关操作更加熟悉。本任务例完成后的最终效果如图1-24所示。

素材所在位置 光盘:\素材文件\项目一\客户档案表.xlsx
效果所在位置 光盘:\效果文件\项目一\客户档案表.xlsx

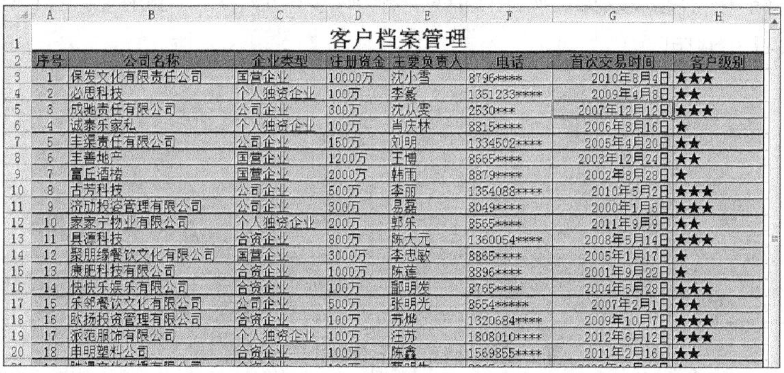

客户档案管理

序号	公司名称	企业类型	注册资金	主要负责人	电话	首次交易时间	客户级别
1	保发文化有限责任公司	国营企业	10000万	沈小雪	8796****	2010年8月4日	★★★
2	必思科技	个人独资企业	100万	李篆	1351233****	2009年4月8日	★★
3	成驰责任有限公司	公司企业	300万	沈从雯	2530***	2007年12月12日	★★★
4	诚泰乐家私	个人独资企业	100万	肖庆林	8815****	2006年8月16日	★
5	丰渠责任有限公司	公司企业	150万	刘明	1334502****	2005年4月20日	★★
6	丰善地产	国营企业	1200万	王博	8665****	2003年12月24日	★★
7	富丘酒楼	国营企业	2000万	韩雨	8879****	2002年8月28日	★
8	古芳科技	公司企业	500万	李丽	1354088****	2010年5月2日	★★★
9	济劢投资管理有限公司	公司企业	300万	易磊	8049****	2000年1月5日	★★★
10	家家宁物业有限公司	个人独资企业	200万	郭乐	8565****	2011年9月9日	★★
11	具源科技	合资企业	800万	陈大元	1360054****	2008年5月14日	★★★
12	聚朋缘餐饮文化有限公司	国营企业	3000万	李忠敏	8865****	2005年1月17日	★
13	康肥科技有限公司	合资企业	1000万	陈莲	8896****	2001年9月22日	★
14	快快乐娱乐有限公司	合资企业	100万	鄢明发	8765****	2004年5月28日	★★★
15	乐邻餐饮文化有限公司	公司企业	500万	张明光	8654*****	2007年2月1日	★★
16	欧扬投资管理有限公司	合资企业	100万	苏桦	1320684****	2009年10月7日	★★★
17	派范服饰有限公司	个人独资企业	100万	汪苏	1808010****	2012年6月12日	★★★
18	申明塑料公司	合资企业	100万	陈鑫	1569855****	2011年2月16日	★★

图1-24 “客户档案表”最终效果

二、 相关知识

输入数据是制作表格的基础，Excel支持不同类型数据的输入并呈现出不同的格式，如常用的文本、数字、日期、时间等。下面将对输入数据的相关知识进行详细讲解。

1. 各种类型数据的输入

制作表格时会涉及多种数据类型的输入，输入数据的方法有以下3种。

- **在编辑栏中输入**：选择需要输入数据的单元格后，将鼠标指针移至编辑栏中并单击，定位文本插入点，输入所需的数据后按【Enter】键。

- **在单元格中输入**：在单元格中输入数据与在Word中输入文本的方法类似，双击需输入数据的单元格，此时在其中将显示文本插入点，直接输入数据后按【Enter】键或单击其他单元格即可。
- **选择单元格输入**：选择单元格输入数据是最快捷的数据输入方法，其操作为选择需输入数据的单元格后，直接输入数据，然后按【Enter】键。若原单元格中有数据则会被新输入的数据覆盖。

Excel提供了文本、小数、分数、货币、日期等多种不同类型的数据，并且各种类型的输入方法有所不同。

知识提示 　　　对于无法用键盘输入的数据则需要借助"符号"对话框进行输入。方法为：选择要输入数据的单元格，然后在【插入】/【符号】组中单击"符号"按钮Ω，打开"符号"对话框，在"符号"选项卡或"特殊符号"选项卡中即可选择所需的符号，然后依次单击 插入(I) 和 取消 按钮即可。

2．数据的编辑

编辑数据是最基础也是最重要的操作，常用的数据编辑操作包括修改数据、移动与复制数据、填充数据、删除数据等。下面分别介绍其操作方法。

- **修改数据**：选择要修改数据的单元格，将文本插入点定位到编辑栏中，并拖曳鼠标指针选择需修改的部分，输入正确数据后按【Enter】键，如图1-25所示。如果要修改单元格中的全部数据，则在选择需修改的单元格后，直接输入正确数据，然后按【Enter】键即可。

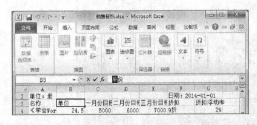

图1-25　修改单元格中的部分数据

- **移动与复制数据**：选择需移动或复制数据的单元格后，在【开始】/【剪贴板】组中单击"剪切"按钮 或"复制"按钮 ，然后将鼠标指针定位至目标单元格，再在【开始】/【剪贴板】组中单击"粘贴"按钮 ，即可成功移动或复制单元格中的数据。

多学一招 　　　选择需移动的单元格后，按【Ctrl+X】组合键，然后选择目标单元格，按【Ctrl+V】组合键实现单元格的移动操作；选择需复制的单元格后，按【Ctrl+C】组合键，然后选择目标单元格，按【Ctrl+V】组合键实现单元格的复制操作。

- 填充数据：对于一些有规律的数据，可以利用"自动填充选项"按钮进行填充。方法为：在单元格中输入起始数据后，利用鼠标单击并拖曳该单元格右下角的填充柄，直至目标单元格后再释放鼠标。此时，单元格右下角将出现"自动填充选项"按钮，单击该按钮，在弹出的下拉列表中即可选择填充类型，如复制单元格等。

- 删除数据：在工作表中选择需删除数据的单元格或单元格区域，然后在【开始】/【编辑】组中单击"清除"按钮，在打开的列表中选择"全部清除"命令，即可将所选单元格或单元格区域中的数据删除。

多学一招　　直接按【Delete】键也可快速删除所选单元格或单元格区域中的数据，如果使用"全部清除"选项，则可在清除单元格内容的同时，清除单元格中添加的批注。

三、任务实施

1. 打开工作簿并调整工作表顺序

本任务首先需打开已保存的工作簿，然后再将"2014年"工作表移至"Sheet1"工作表之前。其具体操作如下。

STEP 1 打开素材文件夹，双击名为"客户档案表"的Excel表格，在进入Excel 2010工作界面的同时，打开"客户档案表"表格。

STEP 2 在名为"2014年"的工作表标签上单击鼠标右键，在弹出的快捷菜单中选择"移动或复制"命令，如图1-26所示。

STEP 3 打开"移动或复制工作表"对话框，在"下列选定工作表之前"列表中选择"2014年"选项，然后单击 确定 按钮，如图1-27所示。

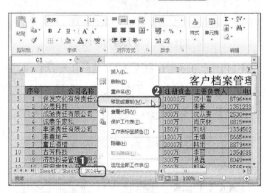

图1-26　选择"移动或复制"菜单命令

图1-27　选定工作表移动后的位置

多学一招　　在工作表标签上按住鼠标左键不放，水平拖曳鼠标，当出现倒三角形标记时释放鼠标，即可快速将所选工作表移至该标记所在位置。若在拖曳鼠标的同时按住【Ctrl】键，则可复制工作表。

2. 输入各种类型的数据

输入数据的方法有多种，下面介绍在单元格中直接输入数据的方法，其具体操作如下。

（ 拓展微课：光盘\微课视频\项目一\输入特殊符号.swf）

STEP 1 在"2014年"工作表中选择G3单元格，直接输入数据"2010-8-4"，如图1-28所示，然后按【Enter】键确认输入。

STEP 2 按照相同操作方法，分别在G列的其他单元格中输入日期，如图1-29所示。

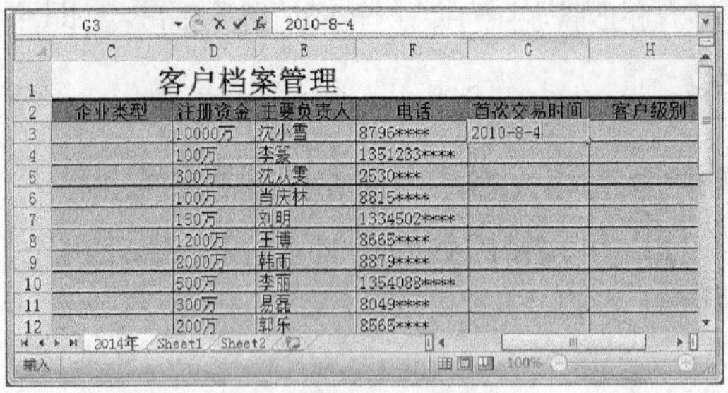

图1-28 输入日期 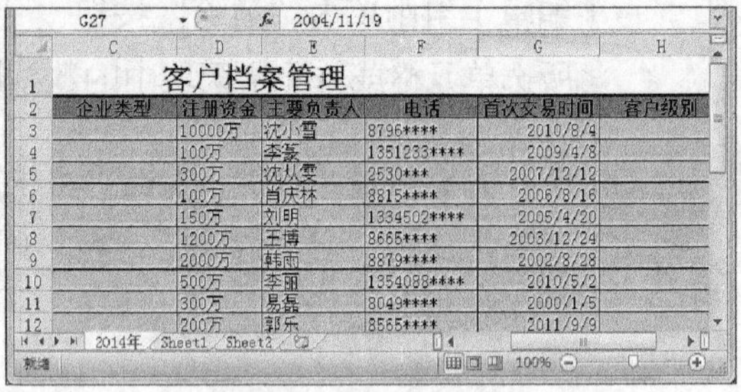　　　　　　　　　图1-29 输入其他日期

STEP 3 选择C3单元格，切换至中文输入法，直接输入文本"国营企业"，如图1-30所示，然后按【Enter】键确认输入。

STEP 4 运用文本输入方法，继续在C4:C27单元格区域输入其他数据，对于相同数据，可采用复制数据的方法进行快速输入，最终效果如图1-31所示。

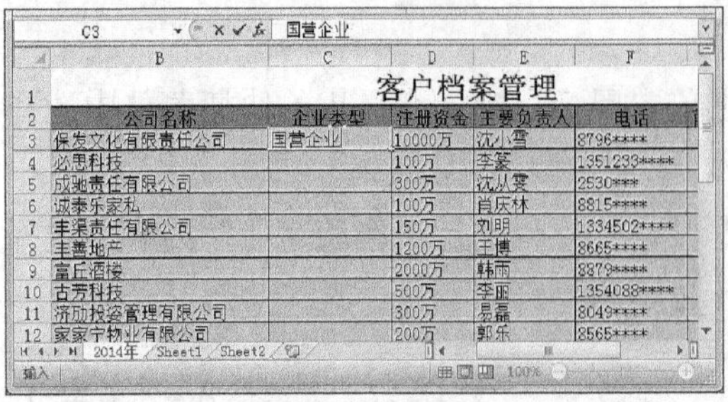

图1-30 输入文本

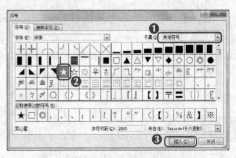

图1-31 输入其他文本

STEP 5 选择H3单元格，在【插入】/【符号】组中单击"符号"按钮Ω，如图1-32所示。

STEP 6 打开"符号"对话框中的"符号"选项卡，在"子集"下拉列表中选择"其他符号"选项，在中间的列表框中选择实心五角星符号，然后单击 插入(I) 按钮，如图1-33所示。

图1-32 选择"符号"命令　　　　　图1-33 选择要插入的符号

STEP 7 单击 关闭 按钮，关闭"符号"对话框，在J3单元格中将自动插入所选符号。拖曳鼠标指针选择插入的五角星符号，并按【Ctrl+C】和【Ctrl+V】组合键，在文本插入点处复制粘贴插入的符号，效果如图1-34所示。

STEP 8 使用相同的操作方法，在其他单元格中插入五角星符号，最终效果如图1-35所示。

图1-34 插入符号　　　　　　　　　　　　图1-35 最终效果

3．调整数据显示格式

利用"设置单元格格式"对话框，可以对单元格中的数据格式进行设置。下面将更改"首次交易时间"所在列中的数据格式，其具体操作如下。（拓展微课：光盘\微课视频\项目一\设置合适的数字格式.swf）

STEP 1 选择G3:G27单元格区域，在其上单击鼠标右键，在弹出的快捷菜单中选择"设置单元格格式"命令，如图1-36所示。

STEP 2 打开"设置单元格格式"对话框中的"数字"选项卡，在"分类"列表框中选择"日期"选项；在"类型"列表框中选择"2001年3月14日"选项，然后单击 确定 按钮，如图1-37所示。

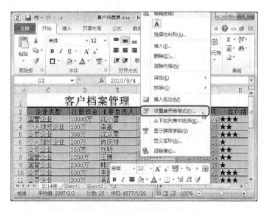

图1-36 选择"设置单元格格式"命令

图1-37 更改日期显示格式

STEP 3 将鼠标指针移至G列与H列之间，当鼠标指针变为✛形状时，按住鼠标左键不放并向右拖动到合适位置后释放，增大G列的单元格列宽，如图1-38所示。

STEP 4 设置完成后的效果如图1-39所示。

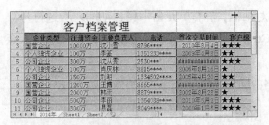

图1-38　调整显示　　　　　　　　　　　　　　　　　图1-39　调整效果

4．保存并关闭工作表

完成表格中数据的编辑操作后，还需要对工作簿进行保存，避免丢失输入的数据。下面将对已打开的工作簿进行保存，其具体操作如下。

STEP 1　完成数据修改操作后，选择【文件】/【保存】菜单命令，如图1-40所示，对修改后的工作表进行保存。

STEP 2　单击"菜单栏"中的"关闭窗口"按钮，关闭"客户档案表"工作簿，此时，Excel 2010工作界面将显示为空，但并未退出Excel程序，如图1-41所示。

图1-40　保存工作簿

图1-41　关闭工作簿

知识提示

在制作表格时，为了避免误操作造成数据无法恢复，可以对要修改的工作簿进行另存为操作。方法为：打开要编辑的工作簿，然后选择【文件】/【另存为】菜单命令，打开"另存为"对话框，在其中设置另存为参数后，单击　保存(S)　按钮。

任务三　美化并打印"日程安排表"表格

日程安排表是指将日常的工作按照难易、紧急、时间先后，将其列出在表格中，以逐一完成所列事项的表格。它一般由表头、行标题、列标题、数字信息等部分组成。利用日程安排表，可以有条不紊地完成工作中的各项事宜。

一、任务目标

为了使工作表中的各项事宜更加条理清晰，老张让小白对"日程安排表"进行适当的美化设置。要完成该任务，需要掌握美化表格的相关知识，包括调整行高和列宽、设置单元格格式、为单元格添加底纹等。本任务完成后的最终效果如图1-42所示。

素材所在位置 光盘:\素材文件\项目一\日程安排表.xlsx
效果所在位置 光盘:\效果文件\项目一\日程安排表.xlsx

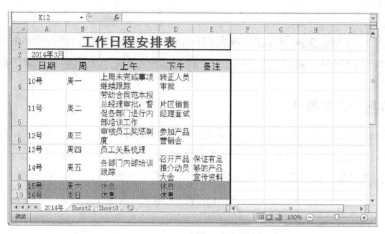

图1-42 "日程安排表"最终效果

二、 相关知识

本任务设计表格的美化与打印操作，在完成本任务前，需先了解相关的美化与打印设置。

1. 数据的美化

数据美化是指对数据的字体、字形、颜色、对齐方式等进行设置，方法为：选择需进行设置的单元格或单元格区域，在【开始】/【字体】组、【开始】/【对齐方式】组，或浮动工具栏中进行设置，部分参数的作用介绍如下。

● **"字体"下拉列表框**：可以更改所选单元格的字体样式。

● **"字号"下拉列表框**：可以更改所选单元格的字号大小。

● **"加粗"按钮B**：单击该按钮可使单元格中的数据加粗显示。

● **"倾斜"按钮I**：单击该按钮可使单元格中的数据倾斜显示。

● **"下划线"按钮U**：单击该按钮可为单元格中的数据添加下画线。

● **"左对齐"按钮**：单击该按钮可使单元格中的数据以左对齐方式显示。

● **"居中"按钮**：单击该按钮可使单元格中的数据以居中对齐方式显示。

● **"右对齐"按钮**：单击该按钮可使单元格中的数据以右对齐方式显示。

● **"字体颜色"按钮**：单击该按钮将为单元格中的数据添加最近一次所应用的字体颜色。单击其右侧的下拉按钮，可在弹出的下拉列表中为所选数据设置其他颜色。

● **"填充颜色"按钮**：单击该按钮将为单元格中的数据添加最近一次填充过的颜色。单击其右侧的下拉按钮，可在弹出的下拉列表中为所选数据设置其他颜色。

2．单元格的美化

为了让工作表看上去更加专业和美观，还可以对单元格进行适当美化，涉及的操作包括为单元格添加边框和底纹、设置文本对齐方式等。方法为：选择需设置的单元格或单元格区域后，在【开始】/【字体】组中单击右下角的"对话框启动器"按钮，打开"设置单元格格式"对话框，在其中便可对单元格边框、图案、对齐方式等参数进行设置，完成后单击 <u>确定</u> 按钮即可。

 在需设置的单元格或单元格区域上单击鼠标右键，在弹出的快捷菜单中选择"设置单元格格式"命令，也可以打开"设置单元格格式"对话框。

3．工作簿打印参数详解

在工作中有时会打印工作表。在打印之前，还需要对即将打印的工作表内容进行设置，包括设置页面、页边距、页眉/页脚以及打印区域等。设置打印参数的大部分工作都可以在如图1-43所示的"页面设置"对话框中完成，各选项卡的作用介绍如下。

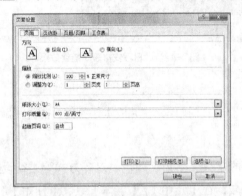

图1-43　"页面设置"对话框

- **"页面"选项卡**：在该选项卡中可设置需打印表格的纸张方向、纸张比例、纸张大小等参数。
- **"页边距"选项卡**：在该选项卡中可设置表格数据距离页面上方、下方、左方、右方各边的距离，以及表格在页面中的居中方式。
- **"页眉/页脚"选项卡**：在该选项卡中利用下拉列表框可选择页眉或页脚样式，此外，还可以单击 <u>自定义页眉(C)...</u> 或 <u>自定义页脚(U)...</u> 按钮，在打开的对话框中自定义页眉或页脚样式。
- **"工作表"选项卡**：在该选项卡中可以设置打印区域、打印标题、打印顺序等参数。

三、任务实施

1．设置单元格格式

本任务将通过"单元格格式"对话框和"字体"组两种方式来设置单元格格式，其具体

操作如下。（🎬拓展微课：光盘\微课视频\项目一\设置对齐方式.swf）

STEP 1 打开素材文件"日程安排表.xlsx"，在"2014年"工作表中选择A1:E1单元格区域，在【开始】/【对齐方式】组中单击"合并后居中"按钮🔳，如图1-44所示。

STEP 2 选择C4单元格，按住【Shift】键不放选择E18单元格，在选中的单元格区域上单击鼠标右键，在弹出的快捷菜单中选择"设置单元格格式"命令，如图1-45所示。

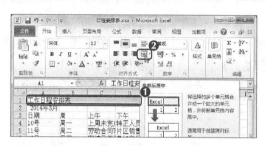

图1-44　合并单元格后居中显示

图1-45　利用鼠标右键打开对话框

STEP 3 打开"设置单元格格式"对话框，单击"对齐"选项卡，在"文本控制"栏中单击选中"自动换行"复选框，然后单击 确定 按钮，如图1-46所示。

STEP 4 选择A3:E3单元格区域，然后单击"对齐方式"组中的"居中"按钮≡，如图1-47所示，将所选单元格区域的数据全部居中显示。

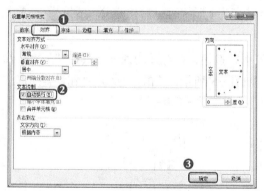

图1-46　设置文本自动换行

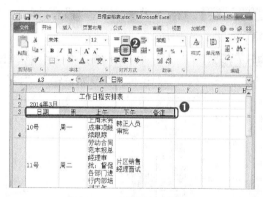

图1-47　设置数据对齐方式

STEP 5 保持A3:E3单元格区域的选中状态，在"字体"组中的"字体"下拉列表中选择"黑体"选项，在"字号"下拉列表中选择"14"，如图1-48所示。

STEP 6 继续在"字体"组中单击"填充颜色"按钮🎨右侧的下拉按钮，在弹出的下拉列表中选择"水绿色，强调文字颜色5，淡色60%"选项，如图1-49所示。

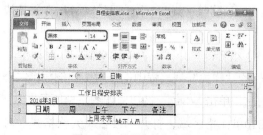

图1-48　设置字体和字号

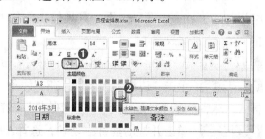

图1-49　设置单元格填充颜色

2．调整行高和列宽

在单元格中输入过多数据时，默认的单元格大小并不能显示全部输入的内容，此时可对单元格的行高或列宽进行适当调整，其具体操作如下。（拓展微课：光盘\微课视频\项目一\调整行高和列宽.swf）

STEP 1 将鼠标指针移至当前工作表中的"8"行号上，当其变为➡形状时，单击鼠标选择该行中的所有单元格，如图1-50所示。

STEP 2 在【开始】/【单元格】组中单击格式·按钮，在打开的列表中选择"自动调整行高"命令，如图1-51所示，将所选行的行高自动调整为适当单元格内容的宽度。

图1-50 选择行

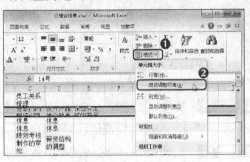

图1-51 自动调整行高

STEP 3 将鼠标指针移至"C"列标上，当其变为⬇形状时，单击选择该列的所有单元格，如图1-52所示。

STEP 4 在【开始】/【单元格】组中单击格式·按钮，在打开的列表中选择"列宽"命令，打开"列宽"对话框，在文本框输入"15"，如图1-53所示，单击 确定 按钮调整列宽。

图1-52 选择列

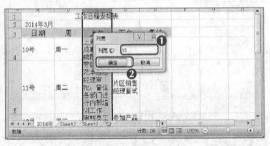

图1-53 手动设置列宽

3．为单元格添加边框和底纹

在单元格中适当地填充某种颜色或样式的底纹，可以使表格数据更加突出。下面为单元格添加边框和底纹两种效果，其具体操作如下。（拓展微课：光盘\微课视频\项目一\添加边框.swf、添加底纹.swf）

STEP 1 选择A3:E18单元格区域，按【Ctrl+1】组合键打开"设置单元格格式"对话框。

STEP 2 单击"边框"选项卡，在"线条"栏的"样式"列表框中选择右侧的倒数第二个样式，然后单击"边框"栏中的"外边框"按钮，单击 确定 按钮，如图1-54所示。

STEP 3 单击并拖动垂直滚动条，选择A9:E10单元格区域，打开"设置单元格格式"对话框，单击"填充"选项卡。

STEP 4 设置"背景色"为绿色，单击"背景图案"下拉列表右侧的下拉按钮，在弹出的列表中选择"6.25%灰色"选项，然后单击 确定 按钮，如图1-55所示。

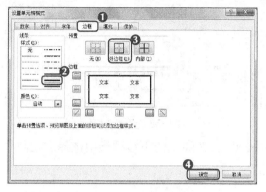

图1-54　添加边框

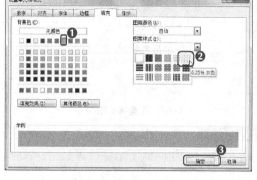

图1-55　设置填充

知识提示

在"单元格格式"对话框的"边框"选项卡中，利用"颜色"下拉列表框，还可以自定义边框颜色。此外，单击"预置"栏中的⊞按钮，可取消所选单元格区域中已添加的所有边框；单击⊞按钮，则可为所选单元格区域的四周添加外边框效果；单击⊞按钮，可为所选单元格区域的内部快速添加边框效果。

STEP 5 利用相同的方法，设置A16:E17单元格区域的填充，效果如图1-56所示。

图1-56　设置填充效果

4．设置标题区域数据格式

下面将对标题区域中的数据格式进行设置，涉及的操作包括更改字体和字号、设置字形、更改字体颜色等，其具体操作如下。（拓展微课：光盘\微课视频\项目一\合并单元格.swf、设置字体格式.swf）

STEP 1 选择合并后的A1单元格，在【开始】/【字体】组的"字体"下拉列表中选择"黑体"选项；在"字号"下拉列表中选择"20"选项。

STEP 2 单击"加粗"按钮B，为文本添加加粗效果，如图1-57所示。

STEP 3 单击"字体颜色"按钮A·右侧的下拉按钮·，在打开的列表中选择"深蓝，文字

2"选项，如图1-58所示。

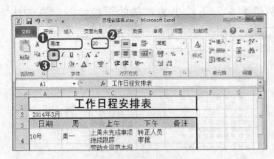
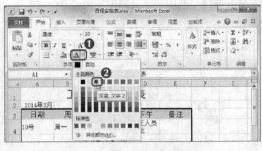

图1-57　设置字体和字号　　　　　　　　图1-58　设置字体颜色

STEP 4　单击"边框"按钮 □ 右侧的下拉按钮，在弹出的下拉列表中选择"粗匣框线"选项，如图1-59所示，效果如图1-60所示。

图1-59　设置文本对齐方式　　　　　　　　图1-60　设置字体颜色

STEP 5　选择【文件】/【另存为】命令，如图1-61所示。

STEP 6　打开"另存为"对话框，在其中设置另存为文件的保存位置和名称，然后单击 保存(S) 按钮，如图1-62所示。

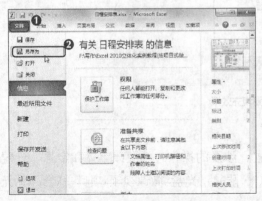
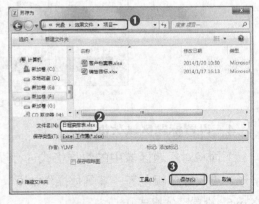

图1-61　选择"另存为"命令　　　　　　　　图1-62　设置保存文件

5．选择打印区域并打印工作表

在打印表格时，可根据实际需要只打印表格中的部分内容。下面只打印10号到16号的日程安排，其具体操作如下。（拓展微课：光盘\微课视频\项目一\设置打印区域.swf）

STEP 1　在"2014年"工作表中选择A3:E10单元格区域，然后在【页面布局】/【页面设置】组中单击 打印区域 按钮，在打开的列表中选择"设置打印区域"命令，如图1-63所示。

STEP 2 选择【文件】/【打印】菜单命令，在右侧的页面中即可预览打印效果，如图1-64所示，在中间的列表中可设置打印参数，确认无误后，单击"打印"按钮 即可打印。

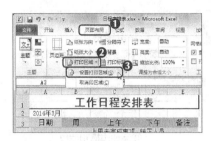

图1-63 设置打印区域

图1-64 预览要打印的工作表

实训一 美化"一月份销售计划表"表格

【实训目标】

根据制定完成的销售目标，销售部最近需要制作出一月份的销售计划表。考虑到小白刚刚制作了"销售目标"表格，对这些数据比较熟悉，因此老张决定还是让小白制作该销售计划表。

要完成本实训，需要利用不同的填充颜色来突出显示重要的数据内容，同时还要熟练掌设置单元格格式、数据格式、添加边框等操作。本实训完成后的最终效果如图1-65所示。

素材所在位置　光盘:\素材文件\项目一\一月份销售计划表.xlsx

效果所在位置　光盘:\效果文件\项目一\一月份销售计划表.xlsx

名称	单价	销售目标	实际销售数量	实际总金额
《学会Word》	24.5	5000	5200	125000
《学会Excel》	23.5	8000	7800	180000
《学会PowerPoint》	26	7000	7120	174120
《学会Outlook》	29.5	4000	3812	102350
《学会Publisher》	22	3500	3901	79820
《学会Access》	25.5	4000	4007	91150

图1-65 "一月份销售计划表"最终效果

【专业背景】

销售计划是指为能具体地实现销售目标而进行具体销售任务的分配，从而为其他计划，如发展计划、利益计划等提供可靠的基础。销售计划中必须包括整个详尽的商品销售量及销售金额。

【实训思路】

完成本实训需要先调整表格的基本框架，然后设置文本格式，最后添加表格边框和底纹，其操作思路如图1-66所示。

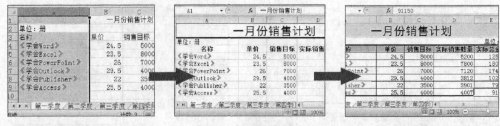

①调整列宽　　　　　　②合并单元格并设置格式　　　　　　③添加边框和底纹

图1-66　美化"一月份销售计划"表格的思路

【步骤提示】

STEP 1　利用"自动调整列宽"命令，调整表格中的行高和列宽。

STEP 2　选择A1:E1单元格区域后，单击【开始】/【对齐方式】组中的"合并及居中"按钮，合并所选单元格区域。

STEP 3　使用同样的方法，合并和居中A2:E2单元格区域。

STEP 4　选择合并后的标题文本，在【开始】/【字体】组中将文本格式设置为"黑体、22、加粗"。

STEP 5　选择合并后的A2单元格区域，单击【开始】/【对齐方式】组中的"右对齐"按钮，将其右对齐。

STEP 6　设置A3:E3单元格区域中的文本格式为"加粗、居中"，并在"字体"组中为其设置底纹颜色为"橙色，强调文字颜色6，淡色60%"选项。

STEP 7　选择A3:E9单元格区域，在"字体"组中为其添加"所有框线"和"粗匣框线"，并设置其单元格颜色为"红色，强调文字颜色2，淡色60%"。

实训二　制作"市场分析"表格

【实训目标】

老张最近忙于培训工作的安排与评估，无暇顾及表格的制作，于是，老张找到小白让她帮忙制作"市场分析"表格，并将前期做的调研资料一并交予了小白。

完成本实训需要运用Excel的启动与退出、工作簿的保存、数据的输入与编辑、单元格格式的设置等知识。本实训完成后的最终效果如图1-67所示。

 效果所在位置　光盘:\效果文件\项目一\市场分析.xlsx

市场占有率分析表				
地区：西南			单位：万元	
客户名称	公司产品	总占有率	目标占有率	策略
贝贝书城	《学会Word》	7%	8%	提升广告效力，采取多样化的促销手段
	《学会Excel》	6.50%	7%	
	《学会PowerPoint》	8%	9%	
	《学会Outlook》	15%	18%	
	《学会Publisher》	8%	8%	
	《学会Access》	9%	10%	
花香书城	《学会Word》	7%	8%	适当调整产品价格，注重新产品的创新设计
	《学会Excel》	11%	12%	
	《学会PowerPoint》	9%	13%	
	《学会Outlook》	13%	15%	
	《学会Publisher》	12%	15%	
	《学会Access》	10%	12%	
明日书城	《学会Word》	10%	12%	扩展销售渠道
	《学会Excel》	11%	12%	
	《学会PowerPoint》	12%	13%	
	《学会Outlook》	11%	12%	
	《学会Publisher》	13%	15%	
	《学会Access》	9%	10%	

一月份　Sheet2　Sheet3

就绪　　　　　　85%

图1-67 "市场分析"最终效果

【专业背景】

市场分析是根据已获得的市场调查资料，运用统计原理，分析市场及其销售变化。它是一门综合性科学，涉及经济学、经济计量学、社会学、运筹学、统计学、心理学等学科。即是市场调查的组成部分，也是市场预测的前提。

【实训思路】

完成本实训首先需在新建的空白工作表中输入数据信息并适当调整列宽，然后对数据和单元格格式进行设置，最后为单元格添加边框和底纹。其操作思路如图1-68所示。

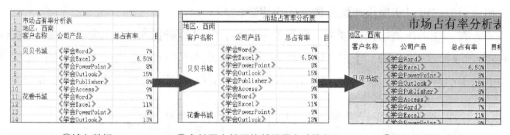

①输入数据　　　　②合并居中单元格并设置自动换行　　　　③添加边框和底纹

图1-68 制作"市场分析"表格的思路

【步骤提示】

STEP 1 启动Excel 2010，在默认新建的"Sheet1"工作表中输入所需的数据内容，然后将"Sheet1"工作表重命名为"一月份"。

STEP 2 设置A1:E1、A3:A4、B3:B4、C3:C4、D3:D4、E3:E4、A5:A11、A12:A16、A17:A22、E5:E11、E12:E16、E17:E22单元格区域合并后居中，并设置E5:E11、E12:E16、E17:E22单元格区域自动换行。

STEP 3 选中合并后的A1单元格区域，设置其字体格式为"加粗、22号"，并设置底纹颜色为"橄榄绿，强调文字颜色3"。

STEP 4 选中A3:E4单元格区域，设置文字字体为"黑体"。

STEP 5 选中A5:E10单元格区域，设置其底纹为"深蓝，颜色2，淡色80%"，选中

A11:E16单元格区域，设置其底纹颜色为"红色，强调文字颜色2，淡色80%"，选中A17:E22单元格区域，设置其底纹颜色为"水绿色，强调文字颜色5，淡色80%"。

常见疑难解析

问：在打印表格时，如果不想将单元格底纹打印出来该如何处理呢？

答：在【页面布局】/【页面设置】组中单击右下角的"对话框启动器"按钮，打开"页面设置"对话框，单击"工作表"选项卡，在"打印"栏中单击选中"单色打印"复选框，然后单击 确定 按钮，便可在打印时不将表格的底纹打印出来。

问：怎样在Excel窗口中缩放工作表？

答：按住【Ctrl】键不放，然后滚动鼠标的滚轮即可缩放工作表。选择【文件】/【选项】命令，打开"Excel 选项"对话框，选择"高级"选项卡，在右侧的的"编辑选项"栏中单击选中"用智能鼠标缩放"复选框后，在不按住【Ctrl】键的情况下滚动鼠标滚轮，可直接缩放工作表。

问：如何设置负数的表示方式呢？

答：遇到此种情况时可通过"单元格格式"对话框进行轻松设置。打开"设置单元格格式"对话框，单击"数字"选项卡，在"分类"列表框中选择"数值"选项，在其右侧显示的"负数"列表框中提供了5种表示负数的方式，一般选择红色字体来表示负数值。

问：有没有可以实现快速填充数据的快捷键呢？

答：有。在工作表中选择要填充数据的单元格，并且要确保所选单元格的四周均包含数据内容，此时，按【Ctrl+D】组合键即可为所选单元格填充与其上方单元格相同的数据；按【Ctrl+R】组合键则可为所选单元格填充与其左侧单元格相同的数据，效果如图1-69所示。

图1-69 利用快捷键填充数据

问：有没有什么方法可快速重复某一操作？

答：如果要对多个不同的单元格或单元格区域进行相同的设置，可按【F4】键自动重复前一次的操作。具体方法为：选择单元格或单元格区域，对其进行设置，确认后，选择其他单元格或单元格区域，按【F4】键即可。

拓展知识

1．设置工作表标签颜色

Excel工作表标签本身没有颜色，有时为了让工作表显得醒目，可以根据实际需求改变工作表标签颜色。方法为：选择要设置的工作表后，选择【格式】/【工作表】/【工作表标签颜色】菜单命令，在打开的"设置工作表标签颜色"对话框中选择所需颜色即可。

2．自动套用表格样式

如果觉得美化表格操作比较麻烦，且美化效果不理想，可直接应用Excel提供的表格样式，快速美化整个表格。方法为：完成表格内容编辑操作后，选择【格式】/【自动套用格式】菜单命令，在打开的"自动套用格式"对话框中即可选择所需表格样式。

3．自定义工作表数量

新工作簿默认只有3张工作表，用户可根据需要更改默认工作表的数量。选择【文件】/【选项】命令，打开"Excel 选项"对话框，选择"常规"选项，在"新建工作簿时"栏的"包含的工作表数"数值框中输入默认的工作表数量，单击 确定 按钮，如图1-70所示。返回Excel工作表，关闭Excel 2010软件，重启该软件后，即可看到设置后的效果。

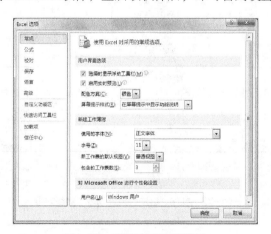

图1-70　设置默认工作表数量

课后练习

 效果所在位置　光盘:\效果文件\项目一\销售统计表.xlsx、客户开发计划表.xlsx

（1）创建"销售统计表"表格，在其中输入数据，然后合并居中单元格区域，并设置字体格式和单元格格式，最终效果如图1-71所示。

图1-71 "销售统计表"最终效果

（2）利用Excel 2010制作"客户开发计划表"，在制作过程中要善于运用前面所介绍相关知识，如输入数据、合并单元格、套用表格样式、调整列宽等。完成后的最终效果如图1-72所示。

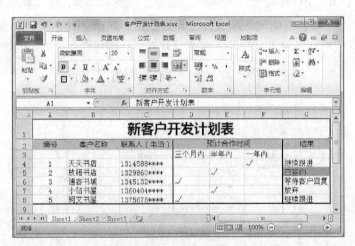

图1-72 制作"客户开发计划表"最终效果

项目二 日常办公

情景导入

　　下周的工作比较多，不仅要做工作汇总，还需要拜访客户，总结客户回馈，同时还需准备好新员工的入职工作，老张让小白提前做好相关表格，如工作汇总表、客户拜访计划表等。

知识技能目标

● 熟练掌握根据模板创建工作簿的方法。
● 熟练掌握数据的修改、快速填充、查找与替换的操作方法。
● 熟练掌握创建自选图形、插入艺术字、图表和批注的设置方法。

● 了解公司日常办公中招聘人员的流程。
● 掌握"工作汇总表"、"客户拜访计划表"、"临时出入证"等表格的制作。

项目流程对应图

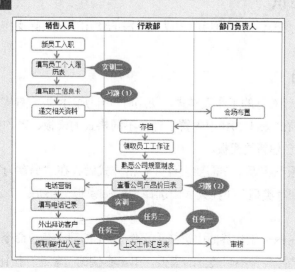

任务一 制作“工作汇总表”表格

工作汇总表是总结性的工作汇报，在制作工作汇总表的同时，不仅可以让员工对自我的工作进行总结，对整体的工作进程有一个了解，同时可以明确工作进度或者工作结果，以便制定下一步工作。

一、 任务目标

工作报告会议迫在眉睫，而老张又要忙于别的工作，于是将“工作汇总表”的制作任务交由小白来完成。实施该任务可先创建表格框架，然后将制作好的框架保存为模板，最后再根据模板填写员工信息，并插入所需批注内容。本任务完成后的最终效果如图2-1所示。

效果所在位置 光盘:\效果文件\项目二\工作汇总表.xltx

周工作汇总表

企业名称：银宇科技有限公司

部门：	销售部	填表人：	陈芳	填表日期：	2014/3/11		
	日期	工作内容	预计完成日期	实际完成日期	完成效果	是否有人协助	
星期一	2014/3/3	对“美化商厦”的营业人员进行产品知识和营销技能培训	2014/3/3	2014/3/3	良好	否	
星期二	2014/3/4	分析客户拜访计划表，同时制作跟进策略；今天拜访2名陌生客户	2014/3/5	2014/3/6	差	否	
星期三	2014/3/5	对各大商场的产品专柜进行调查、分析，最终确定进行产品陈列展示的专柜	2014/3/6	2014/3/6	良好	有	
星期四	2014/3/6	准备售点广告的制作和宣传，并宣传品的摆放规范	2014/3/7	2014/3/8	一般	有	
星期五	2014/3/7	安排促销活动	2014/3/8	2014/3/8	好	有	
星期六	2014/3/8	分析反馈信息，包括促销方式、客户的反映与评价等等	2014/3/9	2014/3/11	差	否	
总结		基本完成预定的工作任务					

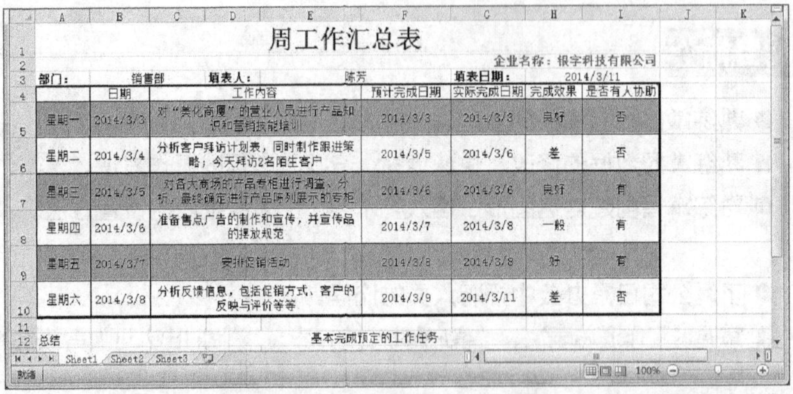

图2-1 “工作汇总表”最终效果

二、 相关知识

本例的制作重点是模板的创建与应用以及批注的使用，在实际操作之前先了解相关功能的含义和使用方法。

1．模板的使用

模板，就是预先设置好的工作表样式，使用时打开所需模板，直接输入相应内容即可，无须再做格式调整。在Excel 2010中内置了许多不同格式的模板，若内置模板不能满足用户需求时，还可以自行创建新的模板。

- **创建模板**：根据实际工作需要设计好表格样式后，在“另存为”对话框中填写模板名称；在“保存类型”下拉列表中选择“Excel模板（*.xltx）”选项，单击保存(S)按钮即可。
- **应用模板**：在Excel工作界面中选择【文件】/【新建】菜单命令，在工作界面中间的列表中即可选择各种不同类型的模板，单击右侧的“创建”按钮即可应用。

2．认识与使用批注

批注是对表格中的重要或特殊数据进行注释的一种方法，当鼠标指针移至插入批注的单元格时，批注会自动显示，默认情况下显示的批注会遮挡表格中的其余数据。在表格中插入批注的方法很简单，即选择要插入批注的单元格后，选择【审阅】/【新建批注】菜单命令，在插入的批注框中输入批注内容即可。

知识提示　在已插入批注的单元格中单击鼠标右键，在弹出的快捷菜单中选择"编辑批注"命令，打开批注编辑框，可在其中修改或重新输入需要的批注内容，选择"删除批注"选项，可直接删除添加的批注。

三、任务实施

1．创建工作表并保存为模板

首先需要创建表格框架，包括输入数据和设计表格样式，然后再将表格保存为模板。其具体操作如下。

STEP 1　启动Excel 2010，在默认工作表的A1单元格中输入文本"周工作汇总表"，然后按【Enter】键确认输入，如图2-2所示。

STEP 2　按照相同操作思路，继续在A2:I12单元格区域中输入所需文本内容，最终效果如图2-3所示。

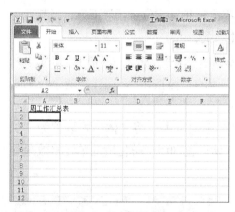

图2-2　输入标题文本

图2-3　输入剩余文本

STEP 3　选择A1:I1单元格区域，在【开始】/【对齐方式】组中单击"合并及居中"按钮，在"字体"组中单击"加粗"按钮 **B**，然后设置字号为"24"，如图2-4所示。

STEP 4　继续利用"对齐方式"组中的"合并及居中"按钮，合并表格中的其他单元格，效果如图2-5所示。

STEP 5　将鼠标指针定位至数据内容未完全显示的单元格所在列的列标右侧分隔线上，当其变为+形状时，按住鼠标左键不放并向右拖曳，适当增加当前列的宽度，如图2-6所示。

STEP 6　继续利用拖曳鼠标的方法，适当调整A列～H列单元格的列宽。

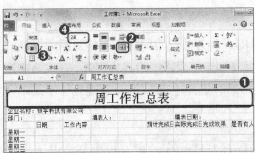

图2-4　合并后设置标题单元格　　　　　图2-5　合并其他单元格

STEP 7 将鼠标指针定位至第2行行号下方，当其变为⁤形状时，按住鼠标左键不放并向下拖曳，适当增加当前行的行高，如图2-7所示。

图2-6　拖曳鼠标调整列宽　　　　　　　图2-7　拖曳鼠标调整行宽

STEP 8 按住【Shift】键的同时选择5~10行，然后将鼠标指针定位至行号下方，当其变为⁤形状时，按住鼠标左键不放进行拖曳，适当增加选中行的行高。

STEP 9 选中A5:I5单元格区域，按住【Ctrl】键加选A7:I7单元格区域和A9:I9单元格区域，然后在"字体"组中单击"填充颜色"按钮 右侧的下拉按钮，在弹出的下拉列表中选择"橄榄色，强调文字颜色3"选项，如图2-8所示。

STEP 10 选择合并后的A2单元格区域，在"开始"选项卡中，将字体格式设置为"加粗、右对齐、蓝色"，选择A3、D3、G3单元格，为字体设置加粗，美化后的单元格效果如图2-9所示。

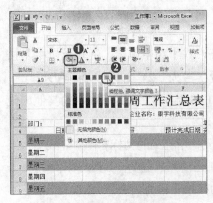

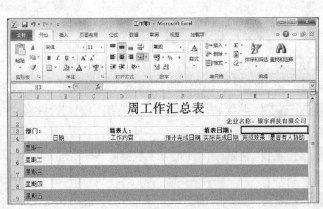

图2-8　设置单元格填充颜色　　　　　　图2-9　美化单元格

STEP 11 选择A4:I10单元格区域，单击"对齐方式"组右下角的"对话框启动器"按钮，打开"设置单元格格式"对话框的"对齐"选项卡。

STEP 12 在"水平对齐"下拉列表中选择"居中"选项，在"文本控制"栏中单击选中"自动换行"复选框，如图2-10所示。

STEP 13 单击"边框"选项卡，在"样式"列表框中选择左侧最下方的线型，然后单击"预置"栏中的"内部"按钮，再在"样式"列表框中选择右侧倒数第二个线型，并单击"预置"栏中的"外部"按钮，单击 确定 按钮，如图2-11所示。

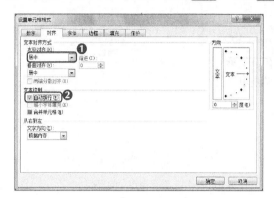

图2-10　设置文本对齐和控制方式

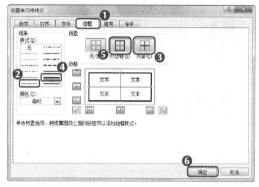

图2-11　为单元格添加边框

STEP 14 设置效果如图2-12所示。选择【文件】/【保存】菜单命令，打开"另存为"对话框，在"文件名"文本框中输入"工作汇总表"；在"保存类型"下拉列表中选择"Excel模板（*.xltx）"选项，最后单击 保存(S) 按钮。

图2-12　工作表创建效果

STEP 15 此时，Excel工作界面中的标题栏将自动显示后缀为.xltx的文件名，表示该工作簿为模板类型。单击菜单栏中的"关闭窗口"按钮，关闭当前工作簿。

知识提示　　手动创建的工作模板可以保存在计算机中的任意位置，但只有将其保存在"Templates"文件夹中，才能在应用模板时，在选中"我的模板"选项后，在打开的"新建"对话框的"个人模板"列表框中直接进行调用。

2．应用模板并输入数据

按照实际工作需求成功创建Excel工作模板后，下面将利用创建好的模板快速新建所需工作用表，其具体操作如下。（ 🎬拓展微课：光盘\微课视频\项目二\根据模板新建工作簿.swf）

STEP 1 在Excel工作界面中选择【文件】/【新建】菜单命令，在"可用模板"栏中选择"我的模板"选项，如图2-13所示。

STEP 2 打开"新建"对话框，在"个人模板"选项卡中选择"工作汇总表"选项，然后单击 确定 按钮，如图2-14所示。

图2-13 单击"我的模板"选项 　　　　　　　图2-14 选择自定义的模板

STEP 3 此时，软件将根据"工作汇总表"模板快速创建一个名为"工作汇总表1"的工作簿，在其中输入所需要文本内容，效果如图2-15所示。

图2-15 在表格中输入数据

3．冻结与拆分窗口

在数据量较大的工作表中拖曳垂直滚动条来查看数据信息时，无法直观地对应表头与列。此时，可以利用Excel的冻结与拆分窗口功能来查看数据内容，通过此方法可查看工作表中开头与结尾的对应关系。其具体操作如下。（ 🎬拓展微课：光盘\微课视频\项目二\冻结工作表窗口.swf）

STEP 1 在"工作汇总表1"工作簿的"Sheet1"工作表中选择要拆分的位置，这里选择A7单元格，然后在【视图】/【窗口】组中单击"拆分"按钮▥。

STEP 2 此时，Excel自动在选择的单元格外将工作表分为两个窗口显示，如图2-16所示。拖曳垂直滚动条，便可同时查看表头和后面内容。

 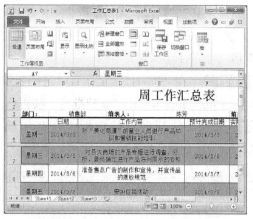

图2-16 拆分窗口

STEP 3 再次单击"拆分"按钮，即可取消窗口的拆分状态。

STEP 4 在"Sheet1"工作表中选择作为冻结点的单元格，这里选择A7单元格，然后单击冻结窗格按钮，在弹出的列表中选择"冻结拆分窗格"命令，如图2-17所示。

STEP 5 此时，该单元格上方和左侧的所有单元格将被冻结，并一直保留在屏幕上，如图2-18所示。

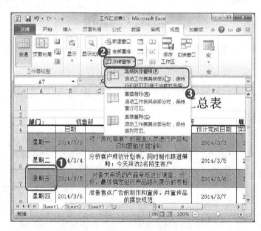 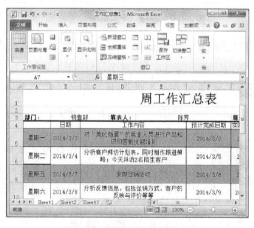

图2-17 选择"冻结窗格"命令　　　图2-18 冻结窗格后的效果

知识提示

拆分窗口一般是为了编辑列数或者行数特别多的表格，使用该方法可以将窗口分成两栏或更多，以便同时观察多个位置的数据。冻结窗格是为了在移动工作表的可视区域时，始终保持某些行或列一直显示在屏幕上，以便对照或操作。被冻结的部分往往是标题行或列，也就是表头部分。

多学一招

取消窗格冻结状态的方法与取消窗口拆分状态的方法类似，即单击冻结窗格按钮，在弹出的列表中选择"取消冻结窗格"命令。

4．为单元格添加批注

在表格的"是否有人协助"栏中只能填写"是"和"否"，因此，下面将利用添加批注的方式，对该栏目的填写方式进行详细说明，其具体操作如下。（**拓展微课**：光盘\微课视频\项目二\插入批注.swf）

STEP 1 在"Sheet1"工作表中选择要添加批注的单元格，这里选择I4单元格，在【审阅】/【批注】组中单击"新建批注"按钮，如图2-19所示。

STEP 2 打开批注编辑框，在其中输入所需文本，这里输入"请填写'是'或'否'"，如图2-20所示。

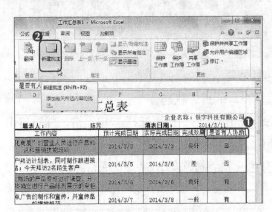
图2-19 选择"批注"菜单命令

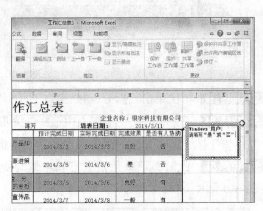
图2-20 输入批注内容

STEP 3 在批注编辑框中拖曳鼠标指针选择输入的文本内容，在【开始】/【单元格】组中单击 格式 按钮，在弹出的列表中选择"设置批注格式"选项，如图2-21所示。

STEP 4 打开"设置批注格式"对话框，将所选文本的格式设置为"微软雅黑、加粗、10、红色"，然后单击 确定 按钮，如图2-22所示。

多学一招 选择批注编辑框中的文本后，单击鼠标右键，在弹出的快捷菜单中选择"设置批注格式"命令，也可打开"设置批注格式"对话框。

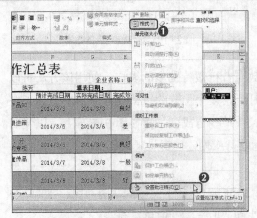
图2-21 选择"批注"菜单命令

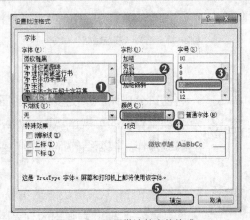
图2-22 设置批注的字体格式

STEP 5 单击批注编辑框之外的任意一个单元格即可成功添加批注，如图2-23所示。若想查看批注内容，只需将鼠标指针移至已插入批注的单元格中，稍作停留Excel将自动弹出批注编辑框并显示相应内容。

图2-23　成功插入批注

> **知识提示**　默认插入的批注为隐藏状态，但为了掌握表格的详细信息，往往需要将隐藏的批注显示出来。方法为：打开已插入批注的工作表，在插入了批注的单元格上单击鼠标右键，在弹出的快捷菜单中选择"显示/隐藏批注"命令即可。若再次在该单元格上单击鼠标右键，此时弹出的快捷菜单中的"显示/隐藏批注"命令将变为"隐藏批注"命令，选择该命令可重新隐藏批注。

任务二　制作"客户拜访计划表"表格

"客户拜访计划表"是记录一个公司往来业务对象的表格，通过客户拜访计划表可以反映出公司在某一个时期业务往来的质量和频率。在制作计划表时应遵循真实性、准确性、规范化等原则。本任务将要制作的"客户拜访计划表"主要包括拜访日期、客户名称、客户级别、处理结果等项目。

一、任务目标

为了得到客户的真实反馈，以便制订下一步工作计划，老张安排小白制作"客户拜访计划表"，并按照该表格记录的内容，对客户进行回访，收集客户的真实反馈。要完成该任务，需要掌握快速填充数据、查找与替换数据、快速美化工作表的相关知识。本任务完成后的最终效果如图2-24所示。

效果所在位置　光盘:\效果文件\项目二\客户拜访计划表.xlsx

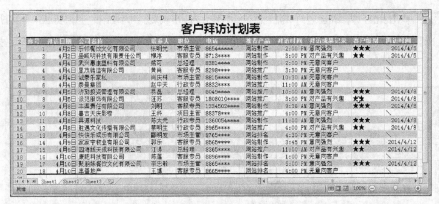

图2-24　"客户拜访计划表"最终效果

二、 相关知识

数据是构成表格的主要元素，其输入和编辑方法会根据数据本身的特点而有所不同。下面将对一些具有一定显示规律的数据，如"星期一、星期二"，以及快速修改数据的操作方法进行详细讲解。

1．认识什么是"有规律的数据"

有规律的数据是指具有相同变化规则的一组数据系列，它可以是文本也可以是数字，如"XC-01、XC-02、XC-03"等。手动输入这些数据，既费时又费力，因此，可利用Excel的快速填充数据功能来输入此类数据。

● **利用对话框填充数据**：在起始单元格中输入起始数据，在【开始】/【编辑】组中单击"填充"按钮 ，在打开的列表中选择"系列"选项，打开"序列"对话框。在其中设置序列所在位置、步长值、终止值等参数后，单击 确定 按钮完成填充。

● **快速填充相同数据**：在起始单元格中输入起始数据，将鼠标指针移至该单元格右下角的控制柄上，当其变为 ✚ 形状时按住鼠标左键不放并拖曳至所需位置，释放鼠标后，即可在选择的单元格区域中填充相同的数据。

● **快速填充序列**：在起始单元格中输入起始数据，在相邻的下方或右侧单元格中输入序列的第二项数据，同时选择这两个单元格，将鼠标指针移至选区右下角的控制柄上，当其变为 ✚ 形状时按住鼠标右键不放并拖曳至所需位置，释放鼠标后，即可填充序列，如图2-25所示。

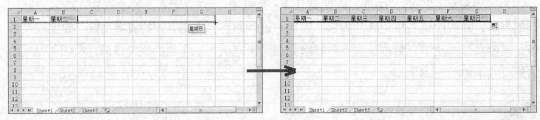

图2-25　快速填充序列

● **利用快捷菜单填充数据**：在起始单元格中输入起始数据，将鼠标指针移至选区右下角的控制柄■上，当其变为╋形状时按住鼠标右键不放并拖曳至所需位置，释放鼠标后，单击出现的"自动填充选项"按钮 ，在弹出的列表中选择一种填充方式，如图2-26所示，完成数据的填充。

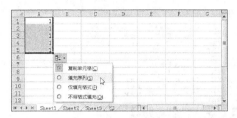

图2-26 利用"自动填充选项"按钮填充数据

知识提示

利用快捷菜单填充数据时，快捷菜单会根据起始数据的不同而发生变化。若起始数据为数值，则会有如图2-26所示的4种选项；若为文本，则无"填充序列"选项；若为日期，则还包括"以天数填充"和"以工作日填充"等选项。

2. 查找与替换数据

Excel 2010提供的查找和替换功能，可以快速在工作表中定位到满足查找条件的单元格，并能便捷地对单元格中的数据进行替换，这对于数据量很大的工作表非常适用。下面分别介绍查找与替换数据的操作方法。

- **查找数据**：打开要查找的工作表后，在【开始】/【编辑】组中单击"查找和选中"按钮 ，在弹出的下拉列表中选择"查找"选项，打开"查找和替换"对话框，在其中输入要查找的数据，单击 查找下一个(F) 按钮，便能快速查找到匹配条件的单元格。

- **替换数据**：利用"查找和替换"对话框，查找需替换的数据后，单击"替换"选项卡，在"替换为"下拉列表框中输入需替换的内容。单击 替换(R) 按钮替换符合条件的数据，完成后单击 关闭 按钮，关闭"查找和替换"对话框。

多学一招

在"查找和替换"对话框的"查找"选项卡中，连续单击 查找下一个(F) 按钮，将逐个查找满足条件的单元格，而单击 查找全部(I) 按钮则可查找所有满足条件的单元格。同理，在"替换"选项卡中，单击 全部替换(A) 按钮即可将工作表中所有符合条件的数据全部替换。

三、任务实施

1. 输入数据后美化工作表

本例首先要新建一个名为"客户拜访计划表"的工作簿，然后在其中输入相应的数据内容，最后美化工作表。其具体操作如下。（ 拓展微课：光盘\微课视频\项目二\输入特殊符

号.swf、套用表格格式.swf）

STEP 1 启动Excel 2010，系统自动新建一个空白工作簿，根据不同数据的输入方法，在单元格中分别输入相应内容，效果如图2-27所示。

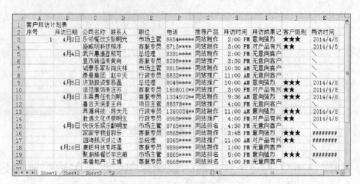

图2-27　输入数据

> **知识提示**　由于表格中的"客户级别"栏目不能采用直接输入数据的方式进行填写，可采用插入符号的方式进行输入，即打开"符号"对话框，在其中选择"普通文本"中的黑色五角星。

STEP 2 选择A1:K1单元格区域，在【开始】/【对齐方式】组中单击"合并后居中"按钮■，然后设置其格式为"微软雅黑，加粗，22"。

STEP 3 选中A2:K20单元格区域，在【开始】/【单元格】组中单击■格式▾按钮，在弹出的下拉列表中选择"自动调整列宽"选项，如图2-28所示。

STEP 4 保持单元格区域的选中状态，在【开始】/【样式】组中单击■套用表格格式▾按钮，在弹出的下拉列表中选择"表样式中等深浅18"选项，如图2-29所示，为表格应用样式。

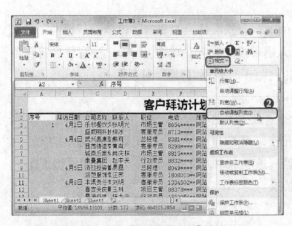

图2-28　选择"自动调整列宽"命令

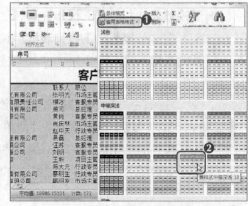

图2-29　选择要套用的表格样式

STEP 5 弹出"套用表格式"对话框，默认其中的单元格区域和选项，单击　确定　按钮，如图2-30所示。

STEP 6 选中A2:K2单元格区域，在【数据】/【排序和筛选】组中单击"筛选"按钮▼，取消表头的筛选状态，如图2-31所示。

图2-30　确认应用

图2-31　取消筛选

2．快速填充有规律的数据

由于"序号"和"拜访日期"列中要输入的数据具有一定的变化规律，因此，下面将利用"序列"对话框和快捷菜单两种不同的方式快速填充数据，其具体操作如下。（**拓展微课**：光盘\微课视频\项目二\快速填充相同或有规律的数据.swf）

STEP 1 拖曳鼠标选择A3:A20单元格区域，在【开始】/【编辑】组中单击"填充"按钮，在弹出的下拉列表中选择"系列"选项，如图2-32所示。

STEP 2 打开"序列"对话框，在"序列产生在"栏中单击选中"列"单选项；在"类型"栏中单击选中"等差序列"单选项；在"步长值"文本框中输入"1"；在"终止值"文本框中输入"18"，最后单击 确定 按钮，如图2-33所示。

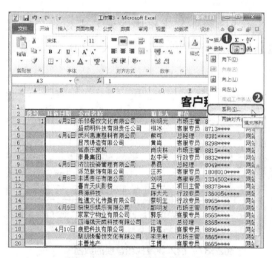

图2-32　选择"系列"菜单命令

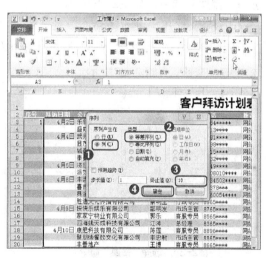

图2-33　设置填充参数

多学一招

若想快速填充具备递增或递减性质的一组数据，那么，可在按住【Ctrl】键的同时，向下或向右拖曳起始单元格右下角的填充柄，即可填充递增序列；反之，在按住【Ctrl】键的同时，向上或向左拖曳起始单元格右下角的填充柄，则可填充递减序列。

STEP 3 选择B3单元格，将鼠标指针定位至B3单元格右下角的填充柄，当其变为┿形状时，按住鼠标右键不放直至拖曳到B4单元格时再释放鼠标。单击右下角的"自动填充选项"按钮 ，在弹出的下拉列表中单击选中"复制单元格"单选项，如图2-34所示。

STEP 4 利用相同的操作方法，快速复制填充该列的其他单元格，效果如图2-35所示。

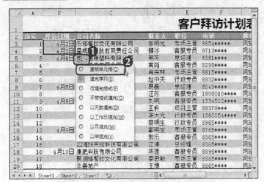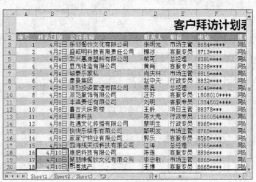

图2-34　利用鼠标右键填充数据　　　　图2-35　填充数据

3．查找和替换数据

为了快速且准确地将单元格中的数据替换为需要的数据，下面将通过"查找和替换"对话框进行数据修改，其具体操作如下。（拓展微课：光盘\微课视频\项目二\查找和替换数据.swf）

STEP 1 在【开始】/【编辑】组中单击"查找和选中"按钮 ，在弹出的下拉列表中选择"替换"选项，如图2-36所示。

STEP 2 打开"查找和替换"对话框，在"查找内容"文本框中输入要查找的数据，这里输入"2013"，在"替换为"文本框中输入要替换的数据，这里输入"2014"，单击全部替换(A)按钮，如图2-37所示。

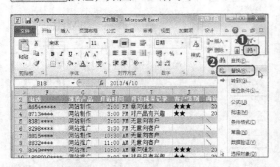

图2-36　选择"替换"命令　　　　图2-37　输入要查找和替换的数据

STEP 3 此时，将打开提示对话框，提示替换数据的数量，单击 确定 按钮，关闭提示对话框，返回"查找和替换"对话框，单击 关闭 按钮，如图2-38所示。

图2-38　确认替换

STEP 4 选择【文件】/【保存】菜单命令，打开"另存为"对话框，将该文件保存在"项目二"文件夹下，名称为"客户拜访计划表"，单击 保存(S) 按钮，完成操作。

知识提示　在"查找和替换"对话框中单击 选项(T) >> 按钮，在展开的参数栏中可以进行更为详细的设置。其中，在"范围"下拉列表中可选择需查找的范围；在"搜索"下拉列表中可选择搜索方式，包括"按行"和"按列"两种；在"查找范围"下拉列表中可选择需查找的数据类型，如"公式"、"值"或"批注"。

任务三　制作"临时出入证"表格

在一些管理比较严格的大型企业或者公司，需要对进出人员的身份进行严格的核实。有时需要办理临时出入证，以获得暂时的出入权，以便节省核查时间。

一、任务目标

小白被安排制作临时出入证，在制作之前，老张提醒小白注意制作要求，并帮助她理一遍完成该任务所需的知识点，包括绘制自选图形、插入文本框和图片等。本任务完成后的最终效果如图2-39所示。

素材所在位置　光盘:\素材文件\项目二\Logo.png
效果所在位置　光盘:\效果文件\项目二\临时出入证.xlsx

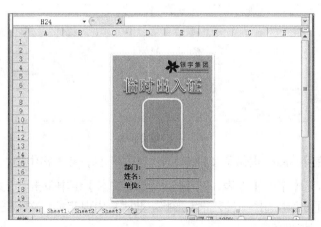

图2-39　"临时出入证"最终效果

职业素养　在一些管理比较严格的集团、公司及学校进出都需要出示出入证。出入证应佩戴在胸前，不得挂于腰际或以其外衣遮盖，除此之外，出入证仅供本人使用，不得转借他人。

二、 相关知识

工作表中单一的数据信息会显得十分枯燥，为了丰富表格内容，可以在其中插入图片、形状、艺术字、文本框等对象来达到美化和突出表格内容的目的。下面分别介绍插入各对象的方法。

1．各种图形对象的用法

图形对象包括剪贴画、图片、艺术字、自选图形等，在工作表中插入各图形对象的方法十分相似，都是通过在"插入"选项卡中选择相应的插入对象来实现。下面分别介绍其使用方法。

● **剪贴画的使用**：Excel 2010自带有许多剪贴画，并将其收集在Excel 2010剪辑库中。在表格中插入剪贴画的方法为：打开需插入剪贴画的工作表，在【插入】/【插图】组中单击"剪贴画"按钮，打开"剪贴画"任务窗格，在其中即可搜索并插入所需剪贴画。（拓展微课：光盘/微课视频/项目二/插入剪贴画.swf）

● **插入计算机中的图片**：打开需插入图片的工作表，在【插入】/【插图】组中单击"图片"按钮，在打开的"插入图片"对话框中选择所需图片后，单击 插入(S) 按钮，完成图片的插入操作。

● **形状的使用**：Excel提供了线条、连接符、基本形状、流程图等不同类型的自选图形，其插入方法为：打开需插入自选图形的工作表，在【插入】/【插图】组中单击"形状"按钮，在弹出的下拉列表中选择一种形状。在其中选择所需形状后，当鼠标指针变为+形状时，按住鼠标左键不放并拖曳至适当的位置再释放鼠标，如图2-40所示。

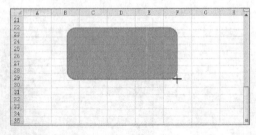

图2-40 绘制形状

● **艺术字的使用**：Excel提供了多种艺术字型可供选择，在表格中插入艺术字的方法为：打开需插入艺术字的工作表，在【插入】/【文本】组中单击"艺术字"按钮，在弹出的选项列表中选择一种艺术字形状。此时将出现艺术字文本框，直接在其中输入需要的文本内容即可。

2．什么是文本框

文本框是一种可灵活移动、可任意调整大小的文字或图形工具，与单元格相比，避免了合并和调整单元格大小的麻烦，尤其对于表格中需要注释的部分非常有用。Excel 2010提供了横排文本框和垂直文本框两种不同的类型，用户可以根据实际需求进行选择。

在工作表中插入文本框的方法为：打开需插入文本框的工作表。单击"绘图"工具栏中的"文本框"按钮，在弹出的下拉列表中选择一种文本框。当鼠标指针变为↓形状时，单击可插入固定大小的文本框，如图2-41所示。按住鼠标左键不放并拖曳至适当位置再释放鼠标，则可插入任意大小的文本框，如图2-42所示。释放鼠标后，文本插入点自动出现在文本框中，输入所需文本即可。

图2-41　插入固定大小的文本框

图2-42　插入任意大小的文本框

三、任务实施

1．绘制并编辑形状

临时出入证主要由图形和文本两部分组成，下面首先制作临时出入证的框架，即在表格中插入矩形和圆角矩形两种形状，并对其进行适当美化。其具体操作如下。（🎬拓展微课：光盘\微课视频\项目二\绘制形状.swf）

STEP 1 启动Excel 2010，在【视图】/【显示】组中撤销选中"网格线"复选框，取消网格线的显示，如图2-43所示。

STEP 2 在【插入】/【插图】组中单击"形状"按钮，在弹出的下拉列表的"矩形"栏中选择"矩形"选项，如图2-44所示。

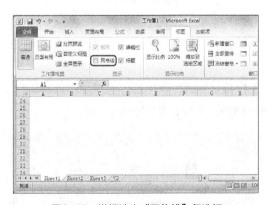

图2-43　撤销选中"网络线"复选框

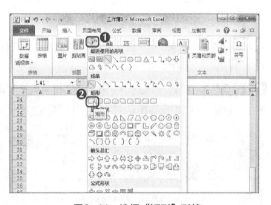

图2-44　选择"矩形"形状

STEP 3 当鼠标指针变为+形状时，在表格中按住鼠标左键不放并拖曳至适当的位置再释放鼠标，绘制一个矩形，如图2-45所示。

STEP 4 在【绘图工具】/【格式】/【形状样式】组中单击"样式"列表右侧的下拉按钮，在其中选择名为"浅色 1 轮廓，彩色填充-橄榄色，强调颜色3"的样式，如图2-46所示，为其应用软件自带的形状样式。

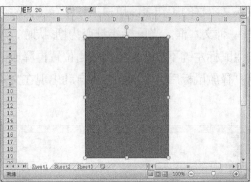

图2-45 绘制矩形

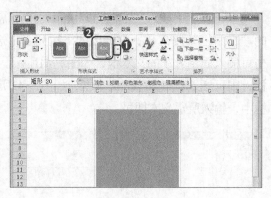

图2-46 应用样式

STEP 5 在【插入】/【插图】组中单击"形状"按钮，在弹出的下拉列表的"矩形"栏中选择"圆角矩形"选项，然后绘制一个圆角矩形，如图2-47所示。

STEP 6 在【绘图工具】/【格式】/【形状样式】组中单击"形状填充"按钮 右侧的下拉按钮，在弹出的下拉列表中选择"浅蓝"选项，如图2-48所示。

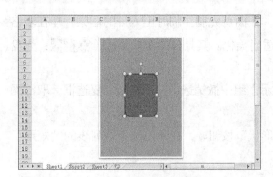

图2-47 绘制圆角矩形

图2-48 设置形状填充

STEP 7 单击"形状轮廓"按钮 右侧的下拉按钮，在弹出的下拉列表中选择"白色，背景1"选项，如图2-49所示。

STEP 8 单击"形状效果"按钮 右侧的下拉按钮，在弹出的下拉列表中选择"阴影"选项，在其子菜单的"外部"栏中选择"向下偏移"选项，如图2-50所示。

图2-49 设置形状轮廓

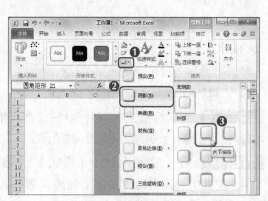

图2-50 设置形状效果

多学一招
单击"形状样式"组右下角的"对话框启动器"按钮 🖾，在打开的"设置形状格式"对话框中，也可对形状的轮廓、填充、效果进行设置，并且可填充图片或纹理，可直接将员工照片填充为图案。

STEP 9 将鼠标指针移至圆角矩形中，当其变为 ⁜ 形状时，按住鼠标左键不放进行拖曳，调整圆角矩形位置。

2. 插入公司Logo

公司Logo是临时出入证中不可缺少的元素，下面将在绘制的自选图形中添加公司Logo，其具体操作如下。（📀 拓展微课：光盘\微课视频\项目二\添加图片.swf）

STEP 1 选择当前工作表中任意一个单元格，取消圆角矩形的选择状态，在【插入】/【插图】组中单击"图片"按钮 🖾，如图2-51所示。

STEP 2 打开"插入图片"对话框，在"查找范围"下拉列表中选择"项目二"选项，在中间列表框中选择"Logo.png"选项，然后单击 插入(S) ▼ 按钮，如图2-52所示。

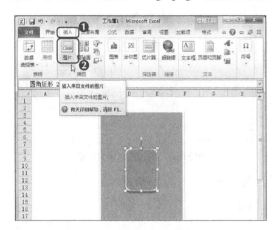

图2-51 选择"图片"命令

图2-52 选择要插入的图片

STEP 3 所选图片将插入到工作表中，将鼠标指针移至插入图片右下角的控制点上，当其变为 ⬉ 形状时，按住鼠标左键不放并拖曳，调整图片位置，至合适大小后释放鼠标，如图2-53所示。

STEP 4 将鼠标指针移至图片上，当其变为 ⁜ 形状时，按住鼠标左键不放并拖曳，调整图片至适当位置，如图2-54所示。

图2-53 调整图片大小

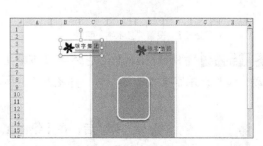

图2-54 调整图片位置

多学一招

选择插入的图片后，将出现【图片工具】/【格式】选项卡，在其中可对图片格式进行设置，包括调整图片亮度和对比度、更改图片颜色、裁剪图片、旋转图片等。

3．创建艺术字

为了点明证件的主题，还需要输入出入证的相关文字。下面将在表格中插入艺术字，并根据需求对艺术字进行美化，其具体操作如下。（🎬拓展微课：光盘\微课视频\项目二\编辑艺术字.swf）

STEP 1 在【插入】/【文本】组中单击"艺术字"按钮 **A** ，在弹出的下拉列表中选择"填充-红色，强调文字颜色2，粗糙棱台"选项，如图2-55所示。

STEP 2 插入艺术字文本框，且其中的文字呈选中状态，如图2-56所示。

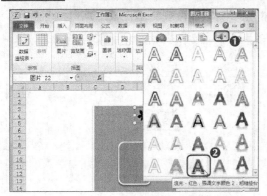

图2-55　选择艺术字样式

图2-56　插入艺术字文本框

STEP 3 在【开始】/【字体】组中将字号设置为"24"，如图2-57所示。

STEP 4 直接在艺术字文本框中输入文本"临时出入证"，如图2-58所示。

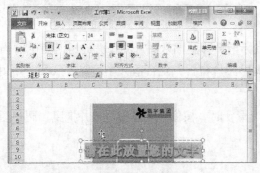

图2-57　设置"艺术字"字号

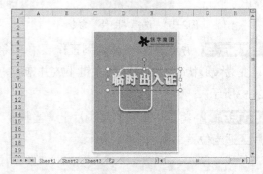

图2-58　输入文本

STEP 5 将鼠标指针移至艺术字文本框上，当其变为形状时，按住鼠标左键不放并拖动，调整艺术字文本框的位置，如图2-59所示。

多学一招

插入艺术字后，在【绘图工具】/【格式】/【艺术字样式】组中可对艺术字的样式进行更改，包括文本填充、文本轮廓、文字效果。

图2-59　调整艺术字文本框位置

4．插入文本框和直线

下面将利用文本框的相对独立性和灵活性，继续输入姓名、部门、职位等内容，其具体操作如下。

STEP 1 单击"绘图"工具栏中的"文本框"按钮 ，在弹出的下拉列表中选择"横排文本框"选项，如图2-60所示。

STEP 2 当鼠标指针变为↓形状时，在矩形的底部按住鼠标左键不放并拖曳，插入一个适当大小的文本框，并在文本插入点处输入"部门："，如图2-61所示。

图2-60　选择"横排文本框"

图2-61　绘制文本框并输入文字

STEP 3 按【Enter】键换行后输入文本"姓名："，如图2-62所示。

STEP 4 继续按【Enter】键换行，输入文本"单位："，如图2-63所示。

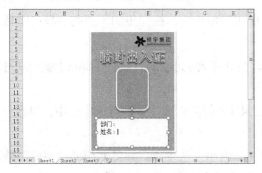

图2-62　换行输入文本

图2-63　继续输入其他文本

STEP 5 将鼠标指针移至文本框的边缘并单击，选择插入的文本框，然后单击"格式"

工具栏中"填充颜色"按钮 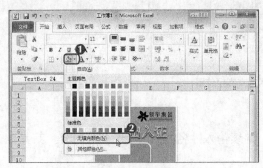 右侧的下拉按钮 ，在弹出的下拉列表中选择"无填充颜色"选项，如图2-64所示。

STEP 6 选中文本框中输入的文字，在浮动工具栏中设置其字体为"黑体，加粗"，如图2-65所示。

图2-64 撤销文本框的填充颜色

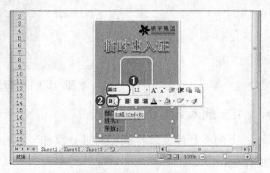

图2-65 设置文本加粗

STEP 7 在文本框边缘上单击，选中文本框，单击鼠标右键，在弹出的快捷菜单中选择"设置形状格式"命令，如图2-66所示。

STEP 8 打开"设置形状格式"对话框，在左侧的列表中选择"线条颜色"选项卡，在右侧单击选中"无线条"单选项，单击 关闭 按钮，如图2-67所示。

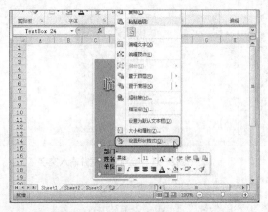

图2-66 选择"设置形状格式"命令

图2-67 调整文本框显示位置

STEP 9 在【插入】/【插图】组中单击"形状"按钮 ，在弹出的下拉列表框的"线条"组中选择"直线"选项，如图2-68所示。

STEP 10 将鼠标指针移至"部门："文本后，当其变为+形状时，按住【Shift】键的同时按住鼠标左键不放并拖曳，绘制一条直线。

STEP 11 绘制的直线呈选中状态，在【绘图工具】/【格式】/【形状样式】组中，单击右下角的"对话框启动器"按钮 ，如图2-69所示。

STEP 12 打开"设置形状格式"对话框，单击"线型"选项卡，在其右侧的"宽度"数值框中，单击上调按钮 ，将直线"宽度"设置为"1磅"，如图2-70所示。

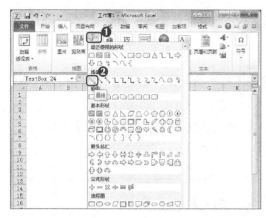

图2-68　选择直线

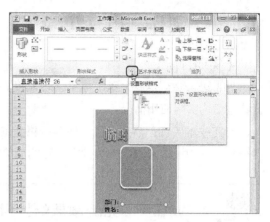

图2-69　单击"对话框启动器"按钮

STEP 13 单击左侧的"线条颜色"选项卡，在右侧的面板中单击"颜色"按钮，在打开的列表中选择"黑色，文字1"选项，单击"关闭"按钮，如图2-71所示。

图2-70　设置直线粗细

图2-71　设置直线颜色

STEP 14 利用【Ctrl+C】组合键和【Ctrl+V】组合键，复制2条相同的直线，并将直线移至相应的文本后，最终效果如图2-72所示。

STEP 15 选择【文件】/【保存】命令，在打开的对话框中以"临时出入证"为名将表格保存到计算机中。

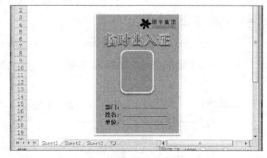

图2-72　"临时出入证"最终效果

实训一 制作"电话记录表"表格

【实训目标】

为了进一步规范办公室的电话管理制度，老张安排小白制作"电话记录表"表格，方便查看电话的实际使用情况。

要完成本实训，需要熟练掌握字符格式的设置方法，掌握填充数据、批量输入数据、设置表格边框的操作方法。本实训完成后的最终效果如图2-73所示。

 效果所在位置 光盘:\效果文件\项目二\电话记录表.xlsx

图2-73 "电话记录表"最终效果

【专业背景】

电话记录表是每个公司都需要制作的表格，它可以反映公司日常业务往来的频繁程度，以及完成情况。除此之外，电话记录表还可以帮助公司了解其他公司的需求，以更好地制定符合实际情况和需要的工作计划。

【实训思路】

完成本实训需要先创建表格的基本框架，然后设置文本格式并添加底纹和边框，最后在表格中输入完整的电话记录，其操作思路如图2-74所示。

①输入基本表格数据　　②设置字符格式并添加底纹和边框　　③输入电话记录

图2-74 制作"电话记录表"的思路

【步骤提示】

STEP 1 启动Excel 2010，按【Ctrl+S】组合键打开"另存为"对话框，将工作簿以"电话记录表"为名进行保存。

STEP 2 在表格中设置表格的基本框架，包括表标题、编号、类型、日期、事由、承办部门、经办人、处理情况等。

STEP 3 选择表标题所在单元格，合并单元格后设置其字符格式为"宋体、16、加粗"，设置其他文本的字符格式为"黑体、12"。

STEP 4 将表头居中显示，然后为表格添加边框，其中内框线为细线，外框线为粗匣框线，并设置底纹为"深蓝，文字2，深色40%"。

STEP 5 调整行高和列宽，通过拖曳填充柄的方式填充序号、承办部门、处理情况，通过批量输入单元格数据的方法输入相同需求的日期。

STEP 6 输入其他数据，保存表格数据，完成"电话记录表.xlsx"工作簿的制作。

实训二 制作"员工个人履历表"表格

【实训目标】

应公司要求，小白需要制作"员工个人履历表"，统计各部门各员工的履历，用于公司存档，方便人事管理。

要完成本实训，需要运用本章介绍的表格制作的基础操作、批注的添加、另存为模板的相关知识进行制作。本实训完成后的最终效果如图2-75所示。

 效果所在位置 光盘:\效果文件\项目二\员工个人履历表.xltx

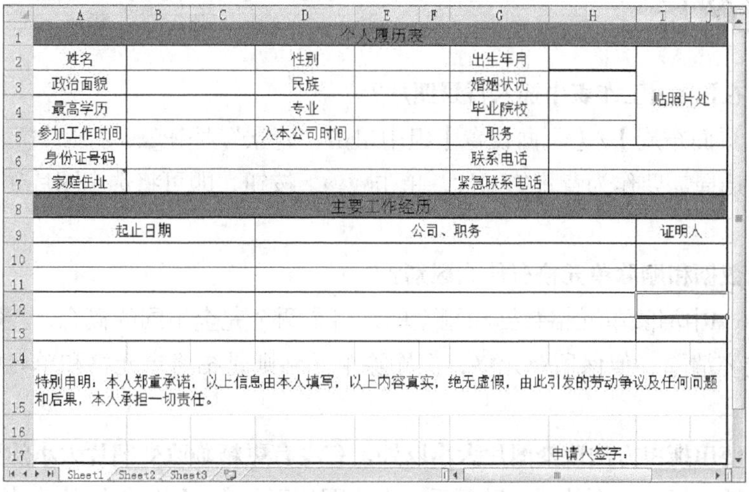

图2-75 "员工个人履历表"最终效果

【专业背景】

员工个人履历的填写十分重要，需要囊括很多方面，包括员工姓名、年龄、电话等个人基本信息，还包括员工的工作经历等。个人履历表的填写能让人力资源管理人员更有效合理地分配员工职位，使工作有条不紊地进行。

【实训思路】

完成本实训应先制作表格的框架数据结构，包括输入文本、设置字符格式、为表格添加边框等，然后为单元格添加批注，最后将制作的表格另存为模板文件。其操作思路如图2-76所示。

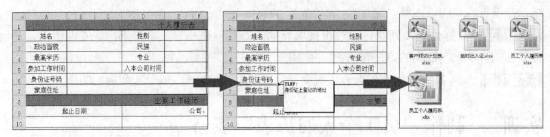

①制作表格框架数据　②添加批注　③将工作簿保存为模板

图2-76　制作"员工个人履历表"的思路

【步骤提示】

STEP 1 启动Excel 2010，输入表数据并设置表框架结构，设置表头字体格式为"宋体、14"，其他字体格式为"宋体、12"。

STEP 2 为表格添加内框线和外框线，其中内框线为细线，外框线为粗匣框线。

STEP 3 选择"家庭住址"文字内容所在单元格，为其添加批注，批注内容为"身份证上登记的地址"，其他默认。

STEP 4 选择【文件】/【保存】菜单命令，在打开的对话框中将工作簿保存为模板。

常见疑难解析

问：如何在Excel工作表中插入背景图片？

答：在【页面布局】/【页面设置】组中单击"背景"按钮，打开"工作表背景"对话框，在其中选择需要作为背景的图片，单击 插入(S) 按钮，即可将选中图片作为背景插入到工作表中。

问：清除数据和删除单元格有什么区别？

答：在Excel中清除单元格数据和删除单元格是两个完全不同的概念，清除数据是指将单元格中的内容清除，但保留单元格，而删除单元格则是指将单元格和单元格中的数据一并删除。

问：除了使用拖曳方法改变图片大小以外，有没有更精确改变图片大小的操作？

答：有，选择插入的图片或剪贴画后，在【图片工具】/【格式】/【大小】组中的"形状高度"和"形状宽度"文本框中，可通过输入数值的方式，精确调整图片大小。

拓展知识

1. 打印工作表背景

在工作表中添加背景后，打印时背景并不会随表格数据同时打印。要打印工作表背景，需先将工作表数据与背景保存为图片。具体方法为：在工作表中插入背景，拖曳鼠标选择数据所在单元格区域，在【开始】/【剪贴画】组中单击"复制"按钮 右侧的下拉按钮 ，在弹出的下拉列表中选择"复制为图片"选项，此时将打开"复制图片"对话框，单击选中"位图"单选项，单击 确定 按钮，切换到其他工作表中，按【Ctrl+V】组合键粘贴图片，此时打印图片即可，如图2-77所示。

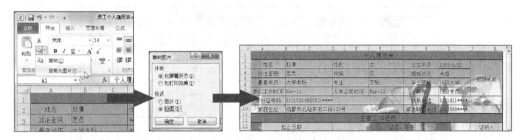

图2-77　打印工作表背景

2. 自定义序列

序列是预先设置好顺序的一组数据，在数据填充时，可以按序列的顺序进行填充。在Excel中还可自定义需要填充的序列。方法为：选择【文件】/【选项】菜单命令，打开"Excel 选项"对话框，在左侧的列表中单击"高级"选项卡，在右侧面板的"常规"栏中单击 编辑自定义列表(O)... 按钮，打开"自定义序列"对话框，在"输入序列"列表中自定义数据的排列顺序，各项目之间用英文状态下的逗号隔开，单击 添加(A) 按钮，最后单击 确定 按钮，如图2-78所示。

图2-78　自定义序列

课后练习

 效果所在位置 光盘:\效果文件\项目二\职工信息卡.xltx、产品价目表.xlsx

（1）制作"职工信息卡"表格，并将其保存为模板，要求包含员工基本信息、学历信息、紧急联系人信息，以及家人信息，制作完成后保存为模板，效果如图2-79所示。

图2-79 "职工信息卡"最终效果

（2）公司的产品价目表会随着市场的浮动而发生改变，以往的旧价目表框架已经不能满足工作人员频繁地改动和添加产品内容的操作，因此需要重新制作一份"产品价目表"，要求达到专业且美观的效果，效果如图2-80所示。

图2-80 "产品价目表"最终效果

PART 3

项目三
档案记录

情景导入

　　职工档案可帮助人事部门更好地了解职工情况，从而分配工作。新同事已经入职，为了更好地分配工作，不浪费人力资源，老张让小白整理档案记录，并对需要更改的档案进行更新或重组。

知识技能目标

- 熟练掌握数据有效性的设置方法。
- 熟练掌握命名单元格、定位单元格、复制工作表的操作方法。
- 熟练掌握保护工作簿、工作表、单元格的设置方法。

- 了解公司人事档案文件的存档、移交、借阅流程。
- 掌握"档案移交申请表"、"客户资料管理表"、"档案借阅记录表"等表格的制作。

项目流程对应图

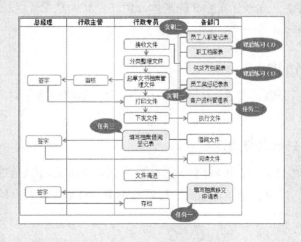

任务一 制作"档案移交申请表"表格

在人事调动、工程项目完成等情况下，必须填写档案移交申请表，写明具体事项，以及档案移交的缘由，将相关档案移至目标部门或工程部。制作档案移交申请表，不仅是移交档案的依据，也能方便公司在需要时快速查找档案。

一、任务目标

小白根据老张提供的个人信息资料，开始制作档案移交申请表。该任务需要在创建档案表框架数据后，根据设置的数据有效性进行输入操作。本任务完成后的最终效果如图3-1所示。

 效果所在位置 光盘:\效果文件\项目三\档案移交申请表.xlsx

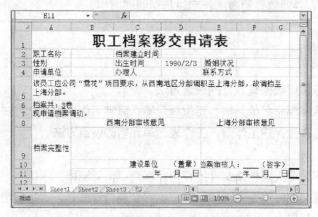

图3-1 "档案移交申请表"最终效果

 制作档案移交申请表应包含员工的基本个人信息，档案的建立日期，办理人姓名，办理档案移交的具体原因，档案的数量，以及相关部门的审核意见等内容。

二、相关知识

本例的制作重点是数据有效性的设置，在建立档案表格框架之前，需先了解数据有效性的含义和设置方法。

1．了解什么是数据有效性

Excel的数据有效性功能，可以控制用户输入到单元格的数据或值的类型。对于符合条件的数据，允许输入；反之，则禁止输入。设置数据有效性后不仅可以检查数据的正确性，而且还能避免数据的重复输入。

2．数据有效性的设置

数据有效性的设置方法很简单，即在工作表中选择要实现效果的单元格或单元格区域后，在【数据】/【数据工具】组中单击 数据有效性 按钮，即可打开"数据有效性"对话框进行相关设置。

知识提示　若要删除单元格的有效数据范围和信息，可先选择要修改设置的单元格区域，然后打开"数据有效性"对话框，单击其左下角的 全部清除(C) 按钮，即可将"数据有效性"对话框恢复至未设置前的效果，最后单击 确定 按钮完成设置。

三、任务实施

1．创建档案表框架数据

制作本例应先创建一个空白工作簿，然后输入表格的框架内容，其具体操作如下。

STEP 1　启动Excel 2010，在默认新建的工作簿中输入表格内容，并对其中的一些单元格区域进行合并操作，如图3-2所示。

STEP 2　选择合并后的A1单元格，设置其字体格式为"黑体，加粗，22"。

STEP 3　再选择合并后的A6单元格，选中其中的"3"文本，在【开始】/【字体】组中单击"下画线"按钮 U ，为其添加下画线，如图3-3所示。

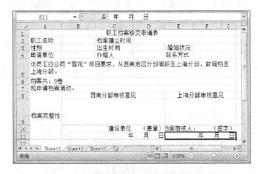

图3-2　输入表格内容并合并单元格

图3-3　添加下画线

STEP 4　选中合并后的E10单元格，在"编辑栏"中选中其中的空格部分，然后单击"下画线"按钮 U ，如图3-4所示。

STEP 5　使用同样的方法，在日期前添加下画线，效果如图3-5所示。

多学一招　若要设置多个单元格或单元格区域的相同格式，则可以先选择设置好格式单元格，然后双击"常用"工具栏中的"格式刷"按钮 ，当鼠标指针变为 形状时，将鼠标移至目标区域后按住鼠标左键不放进行拖曳，直至完成复制格式操作后再释放鼠标。再次单击"格式刷"按钮 ，或按【Esc】键可退出格式复制状态。

图3-4 为空格添加下画线　　　　　　　　　　　图3-5 添加下画线效果

STEP 6 选择【文件】/【保存】菜单命令，打开"另存为"对话框，将文件以"档案移交申请表"为名进行保存。

2．设置序列选择输入有效性

数据有效性的一个常用功能，便是在单元格中创建下拉列表，通过选择方式来快速填充某行或某列中的有效数据。下面将在B3和合并后的F3单元格中选择输入有效数据，其具体操作如下。（⚙拓展微课：光盘\微课视频\项目三\设置数据有效性.swf）

STEP 1 在当前工作表中选择B3单元格，在【数据】/【数据工具】组中单击"数据有效性"按钮🗐，如图3-6所示。

STEP 2 打开"数据有效性"对话框的"设置"选项卡，在"允许"下拉列表中选择"序列"选项；在"来源"文本框中输入要选择的序列内容，每一项之间用英文状态下的逗号隔开，如图3-7所示，然后单击 确定 按钮。

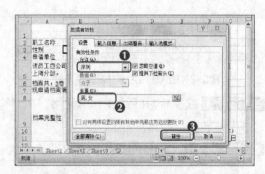

图3-6 单击"数据有效性"按钮　　　　　　　图3-7 设置有效性条件

STEP 3 此时，B3单元格右侧自动显示"下拉"按钮▾，单击该按钮，在弹出的下拉列表中提供了设置好的两个选项，根据需要进行选择即可输入数据，如图3-8所示。

STEP 4 按照相同的操作方法，选择合并后的F3单元格区域，设置该单元格的选择输入的有效性，效果如图3-9所示。

图3-8 选择输入数据

图3-9 设置F3单元格区域的数据有效性

3．设置输入提示信息

下面将在"申请单位"所在列的单元格中设置提示信息，其具体操作如下。（拓展微课：光盘\微课视频\项目三\设置输入提示信息.swf）

STEP 1 选择需要输入提示信息的单元格，这里选择B4单元格。

STEP 2 在【数据】/【数据工具】组中单击"数据有效性"按钮，打开"数据有效性"对话框。单击"输入信息"选项卡，在"输入信息"文本框中输入提示内容，如图3-10所示，然后单击 确定 按钮。

STEP 3 此时，输入的提示信息将自动出现在被选择单元格的下方，效果如图3-11所示。在选中该单元格时，将自动出现该提示信息。

图3-10 设置提示信息

图3-11 设置效果

4．设置整数输入有效性

为了保证表格中输入数据的正确性，下面将对D3单元格所在列的数据有效性进行设置，其具体操作如下。（拓展微课：光盘\微课视频\项目三\设置合法数据.swf）

STEP 1 选择D3单元格，在【数据】/【数据工具】组中单击"数据有效性"按钮，打开"数据有效性"对话框。

STEP 2 单击"设置"选项卡，在"允许"下拉列表中选择"日期"选项，在"数据"下拉列表中选择"介于"选项，如图3-12所示。

STEP 3 在"开始日期"文本框中输入"1965-01-01"，在"结束日期"文本框中输入"1995-01-01"，最后单击 确定 按钮，如图3-13所示。

STEP 4 在D3单元格中输入数值"1996-2-3"后，按【Ener】键将弹出提示对话框，提示输入错误数据，单击对话框中的 重试® 按钮，如图3-14所示。

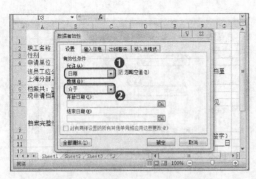

图3-12 选择允许输入的数据类型

图3-13 设置输入数据的范围

STEP 5 在E3单元格中重新输入正确的数值后按【Enter】键，效果如图3-15所示。

图3-14 提示输入错误数据

图3-15 输入数据

知识提示

单击"数据有效性"对话框中的"出错警告"选项卡，在其中可对输入无效数据时显示的出错信息进行设置，包括样式、标题、错误信息内容等。

任务二 编辑"客户资料管理表"表格

客户是促进企业不断发展的重要因素之一，要提高企业竞争力，就需要对客户资料进行详细且深入地分析，从而更好的为客户服务，提高客户满意度。因此，需要专门建立管理客户资料的表格，归纳总结客户的资料和需求，以便谋求更长远的合作。

一、任务目标

公司最近要重新整理客户资料，刚好小白完成了手头的工作，于是老张将这项工作交给小白，并叮嘱她，虽然表格已经编辑好，但是需要对里面的一些数据进行优化，以节省在表格中查找的时间。本任务完成后的最终效果如图3-16所示。

素材所在位置 光盘:\素材文件\项目三\客户资料管理表.xlsx

效果所在位置 光盘:\效果文件\项目三\客户资料管理表.xlsx

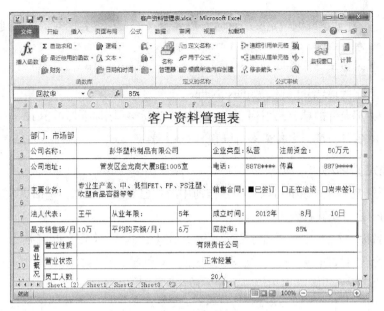

图3-16 "客户资料管理表"最终效果

二、相关知识

为了减少输入数据的工作量，并快速定位要编辑的单元格或单元格区域，可以使用Excel的定义名称功能。该功能对于涉及单元格数量较多的表格非常适用。下面将详细介绍定义名称的方法和管理操作。

1．定义名称的方法

定义名称就是给表格中的单元格或单元格区域设置名字，利用名称可以快速定位数据行。在Excel中，定义名称的方法有以下3种。

● **利用名称框定义**：在表格中拖曳鼠标，选择要定义名称的区域，然后将鼠标指针定位至编辑栏的"名称框"中，在文本插入点处输入名称后按【Enter】键即可定义。

● **利用菜单命令定义**：在【公式】/【定义的名称】组中单击 定义名称 按钮，打开"新建名称"对话框，在"名称"文本框中输入所需名称并设置好要定义的区域，如图3-17所示，然后单击 确定 按钮完成设置。

● **根据所选内容定义名称**：在表格中拖曳鼠标，选择要定义名称的区域，在【公式】/【定义的名称】组中单击 根据所选内容创建 按钮，打开"以选定区域创建名称"对话框，单击选中作为名称的选定区域的复选框，如图3-18所示，然后单击 确定 按钮。

图3-17 "新建名称"对话框　　　　图3-18 "以选定区域创建名称"对话框

知识提示

在创建或编辑定义名称时，需要遵守以下几点名称的定义规则。

● **有效字符**：名称的第一个字符必须是字母、下画线字符"_"或反斜杠"\"。
● **空格无效**：在名称中不允许使用空格，但可使用下画线"_"和句点"."作为单词分隔符，如First.Name。
● **不允许的单元格引用**：名称不能与单元格引用相同，如R1C1。
● **名称长度**：名称最多可以包含255个字符。

2．管理定义名称

利用"新建名称"对话框可以管理工作簿中所有已定义的名称，包括更改、删除、应用名称等。下面分别介绍其操作方法。

● **更改名称**：打开已定义名称的工作簿，在【公式】/【定义的名称】组中单击"名称"管理器按钮📇，打开"名称管理器"对话框，在名称列表框中选择要更改的名称，然后重新设置其引用位置，最后单击 确定 按钮。
● **删除名称**：打开"新建名称"对话框，在名称列表框中选择要删除的名称，然后单击 删除(D) 按钮，最后单击 关闭 按钮完成删除操作。
● **应用名称**：在工作簿中定义好所需名称后，单击名称框右侧的下拉按钮▼，在弹出的下拉列表中选择所需名称，即可快速指定到当前工作簿中的对应单元格。

三、任务实施

1．在不同工作簿之间复制工作表

为了避免误操作造成数据丢失，下面先对要编辑的"客户资料管理表"进行备份，其具体操作如下。（🎬拓展微课：光盘\微课视频\项目三\在不同工作簿中移动和复制工作表.swf）

STEP 1 启动Excel 2010，选择【文件】/【打开】命令，打开"打开"对话框。选择素材文件中的"客户资料管理表.xlsx"，单击 打开(O) ▼ 按钮，如图3-19所示。

STEP 2 选择【文件】/【新建】命令，在中间的"可用模板"栏中选择"空白工作簿"选项，单击右侧的"新建"按钮🗋，新建一个名为"工作簿2"的工作簿。

STEP 3 切换至"客户资料管理表"工作簿，在【开始】/【单元格】组中单击🔳格式▼按钮，在弹出的下拉列表中选择"移动或复制工作表"选项，如图3-20所示。

图3-19　打开要复制的工作簿

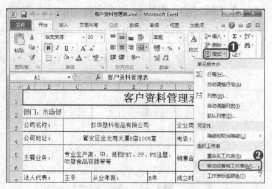

图3-20　选定要复制的工作表

STEP 4 打开"移动或复制工作表"对话框。在"工作簿"下拉列表中选择"工作簿2"选项，然后单击选中"建立副本"复选框，最后单击 确定 按钮，效果如图3-21所示。

STEP 5 此时，"工作簿2"的"Sheet1"工作表之前，将自动添加一张名为"Sheet1（2）"的工作表，如图3-22所示。

图3-21 选择工作表复制到的位置

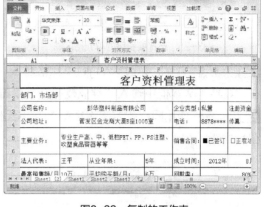

图3-22 复制的工作表

2．为单元格和单元格区域定义名称

为了使表格结构更加清晰，表格中的数据更加容易理解和维护，下面将对要维护的单元格或单元格区域定义名称，其具体操作如下。（🎬拓展微课：光盘\微课视频\项目三\自定义单元格名称.swf）

STEP 1 切换到"客户资料管理表"，单击标题栏中的"关闭"按钮✕，关闭该工作簿。

STEP 2 在"工作簿2"的"Sheet1（2）"工作表的【公式】/【定义的名称】组中单击 定义名称 按钮，如图3-23所示。

STEP 3 打开"新建名称"对话框，在当前工作簿的"名称"文本框中输入"客户资料"，单击"引用位置"文本框右侧的"收缩"按钮，如图3-24所示。

图3-23 单击"定义名称"按钮

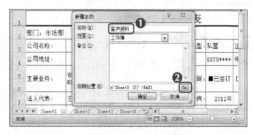

图3-24 输入区域名称

STEP 4 此时，对话框呈收缩状态，在工作表中拖曳鼠标选择要引用的单元格区域，这里选择$A$3:$J$8单元格区域，然后单击"新建名称-引用位置"对话框中的"展开"按钮，如图3-25所示。

STEP 5 返回"新建名称"对话框，确认定义名称和引用区域无误后单击 确定 按钮，如图3-26所示。

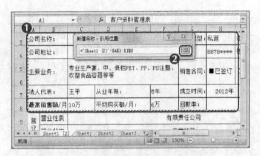

图3-25 选择要引用的单元格区域　　　　　　　图3-26 定义好的名称

STEP 6 拖曳鼠标选择A9:J11单元格区域，单击 定义名称按钮，打开"新建名称"对话框，在"名称"文本框中输入"营业概况"，单击 确定 按钮，如图3-27所示。

STEP 7 使用同样的方法选择A12:J16单元格区域，并将其名称定义为"主要负责人"，如图3-28所示。

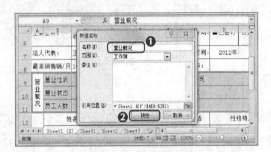

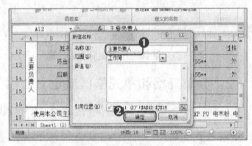

图3-27 定义A9:J11单元格区域　　　　　　　图3-28 定义A12:J16单元格区域

STEP 8 选择H8:J8单元格区域，使用同样的方法将其名称定义为"回款率"。

3．快速定位单元格并修改数据

下面将利用定义名称快速选择单元格，然后再对单元格中的数据进行修改，其具体操作如下。（ 拓展微课：光盘\微课视频\项目三\使用定义的单元格.swf）

STEP 1 单击"Sheet1（2）"工作表中名称框右侧的下拉按钮 ，在弹出的下拉列表中选择"回款率"选项，如图3-29所示。

STEP 2 此时，系统将快速定位至引用位置，将鼠标指针定位至编辑栏中，修改所选单元格区域的数据，如图3-30所示，最后按【Enter】键确认输入。

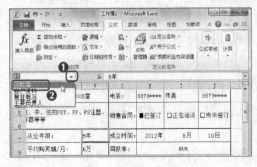

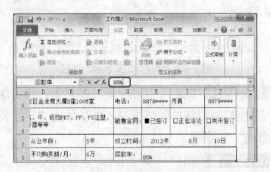

图3-29 选择定义名称　　　　　　　图3-30 修改单元格中的数据

STEP 3 选择【文件】/【保存】菜单命令，将该工作簿以"客户资料管理表"为名进行保存即可。

任务三 制作"档案借阅记录表"表格

每个公司里对于档案的存档和借阅都应有一套规范的流程，并需要进行登记，以便规划责任，确认借阅档案人员的职责和权限，从而规避不必要的风险，防止档案信息泄露，保护公司机密。

一、任务目标

为了加强文书资料的管理工作，老张安排小白制作"档案借阅记录表"，以便详细了解每一份资料的去向。本任务完成后的最终效果如图3-31所示。

素材所在位置 光盘:\素材文件\项目三\档案借阅记录表.xlsx

效果所在位置 光盘:\效果文件\项目三\档案借阅记录表.xlsx

文件标题	份数	借阅人姓名	借阅人部门	借阅时间	借阅用途	借阅人签字	归还时间	归还人签字
招聘登记表	1	李明	人事部	2014/4/1	核对相关资料	李明	2013/4/3	李明
面试评测表	3	沈碧云	人事部	2014/4/1	核对相关资料	沈碧云	2013/4/3	沈碧云
聘用通知	2	张忠义	人事部	2014/4/1	核对相关资料	张忠义	2013/4/3	张忠义
健康证	3	李明	人事部	2014/4/18	核对相关资料	李明	2013/4/22	李明
学历证明	2	李明	人事部	2014/4/25	核对相关资料	李明	2013/4/26	李明
劳动合同	3	李明	人事部	2014/4/27	审核是否续签	李明	2013/5/2	李明
原单位离职证明	1	张忠义	人事部	2014/4/30	核对相关资料	张忠义	2013/5/2	张忠义
员工转正评价表	2	沈碧云	人事部	2014/5/1	查阅	沈碧云	2013/5/2	沈碧云
员工工作考核表	1	李明	人事部	2014/4/1	查阅	李明	2013/4/3	李明
员工培训协议书	1	张忠义	人事部	2014/4/2	重新修定	张忠义	2013/4/3	张忠义

可与借阅人不是同一人

图3-31 "档案借阅记录表"最终效果

二、相关知识

为了防止他人擅自改动单元格中的数据，可将一些重要的单元格锁定或隐藏，以此来保护数据安全。下面将详细介绍数据保护的方法和工作表中网格线的设置。

1.数据保护的各种方法

数据保护分为工作簿保护、工作表保护、单元格保护3种，其设置方法也有所不同，其中，保护工作表和单元格的设置方法相辅相成。

● **保护工作簿**：打开要保护的工作簿，在【审阅】/【更改】组中单击 保护工作簿 按钮，打开"保护结构和窗口"对话框，在其中单击选中相应的复选框，并设置密码，单击 确定 按钮。在"确认密码"对话框中输入相同密码后，单击 确定 按钮完成设置。

知识提示 设置工作簿保护后，再次单击 保护工作簿 按钮，在打开的"撤销工作簿保护"对话框中输入设置保护时输入的密码，然后单击 确定 按钮，即可撤销对工作簿的保护设置。

● **保护工作表**：在工作簿中选定需设置保护密码的工作表后，在【审阅】/【更改】组中单击 保护工作表 按钮，打开"保护工作表"对话框。在其中设置保护范围和密码后单击 确定 按钮，在打开的对话框中确认密码，完成设置。

● **保护单元格**：选择工作表中的所有单元格后，打开"设置单元格格式"对话框，单击"保护"选项卡，撤销选中其中的所有复选框，如图3-32所示，然后单击 确定 按钮。在当前工作表中选择需锁定的单元格区域，然后在"设置单元格格式"对话框中单击选中相应的复选框，如图3-33所示，单击 确定 按钮，即可对此单元格进行保护。

图3-32 撤销选中所有复选框

图3-33 设置单元格保护

知识提示 由于保护单元格功能生效的前提条件是对所在的工作表进行了保护，因此撤销对单元格的保护只需撤销对工作表的保护即可。撤销工作表保护的方法与撤销工作簿保护的方法相似，即在【审阅】/【更改】组中单击 撤消工作表保护 按钮，在打开的"撤销工作表保护"对话框中输入设置保护时的密码，然后单击 确定 按钮即可。

2．认识工作表网格线

利用Excel软件新建工作簿后，在工作表中呈灰度显示的线条便是网格线，它主要用于帮助用户将输入的数据内容沿网格线对齐，在打印时网格线不被打印出来。在制作表格时，如果认为网格线显得多余，可以采用以下两种方法手动将其删除。

● **取消网格线**：打开要取消网格线的工作簿后，在【视图】/【显示】组中单击撤销选中"网格线"复选框即可。

● **利用填充颜色取消网格线**：在工作表中选择需要隐藏网格线的单元格区域后，在【开始】/【字体】组中单击"填充颜色"按钮 ◇▾ 右侧的下拉按钮 ▾，在弹出的下拉列表中选择"白色"选项，即可将所选区的网格线隐藏，如图3-34所示。

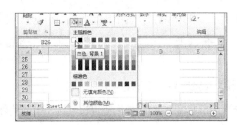 

图3-34 隐藏工作表中的部分网格线

打开目标工作簿后，选择【文件】/【选项】菜单命令，打开"Excel选项"对话框。单击其中的"高级"选项卡，然后在"此工作表的显示选项"栏下单击"网格线颜色"按钮 ，在打开的列表中可选择任意一种网格线颜色。

三、任务实施

1．完善工作表中的数据

首先在"档案借阅记录表"中增加"借阅用途"和"借阅人签字"这两个项目，然后再输入相关数据内容，其具体操作如下。

STEP 1 打开素材文件"档案借阅记录表"工作簿，将鼠标指针移至G列上，当鼠标指针变为↓形状时，单击选择该列，如图3-35所示。

STEP 2 在【开始】/【单元格】组中单击两次 插入按钮，在该列前插入两列空白列，效果如图3-36所示。

图3-35 单击"插入"按钮 　　　　　　　　图3-36 插入两列空白列

STEP 3 在插入的G列和H列单元格中输入如图3-37所示的数据内容。

图3-37 输入数据内容

2. 插入标注类形状

完善表格中的数据内容后，下面将利用标注类自选图形对表格中的部分内容进行说明，并对自选图形格式进行设置，其具体操作如下。（拓展微课：光盘\微课视频\项目三\插入形状图.swf）

STEP 1 在【插入】/【插图】组中单击"形状"按钮，如图3-38所示。

STEP 2 在弹出的下拉列表中，选择"标注"栏下的"椭圆形标注"选项，如图3-39所示。

图3-38　单击"形状"按钮

图3-39　选择要插入的形状

STEP 3 将鼠标指针移至工作表中，当其变为+形状时，按住鼠标左键不放并拖曳绘制图形，如图3-40所示。

STEP 4 单击标注上黄色的控制点按住鼠标左键不放并拖曳，调整标注指向位置，如图3-41所示。

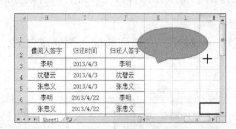

图3-40　绘制形状

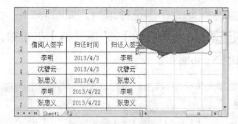

图3-41　调整指向

STEP 5 调整标注位置，然后在标注上单击鼠标右键，在弹出的快捷菜单中选择"编辑文字"命令，如图3-42所示。

STEP 6 此时在形状中出现闪烁的文本输入点，切换中文输入法，输入如图3-43所示的文本。

图3-42　选择编辑命令

图3-43　输入文本

STEP 7 在【绘图工具】/【格式】/【形状样式】组中单击形状样式列表右侧的·按钮，

为形状应用"彩色轮廓-水绿色，强调颜色5"的样式，如图3-44所示。

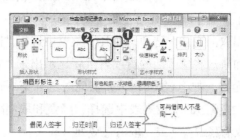

图3-44　应用样式

STEP 8 单击工作表中的其他位置，退出标注内文字的编辑。

3．隐藏网格线和单元格

在某些情况下，应当对表格中的一些数据进行隐藏，以保护员工隐私。下面将第7行进行隐藏，并取消当前表格中的网格线，其具体操作如下。（🎬拓展微课：光盘\微课视频\项目三\隐藏和显示单元格.swf）

STEP 1 在当前工作表中选择第7行。

STEP 2 在【开始】/【单元格】组中单击 格式 按钮，在弹出的下拉列表中选择"隐藏和取消隐藏"命令，在其子菜单中选择"隐藏行"选项，如图3-45所示。

STEP 3 此时，工作表中的第7行单元格将自动隐藏，效果如图3-46所示。

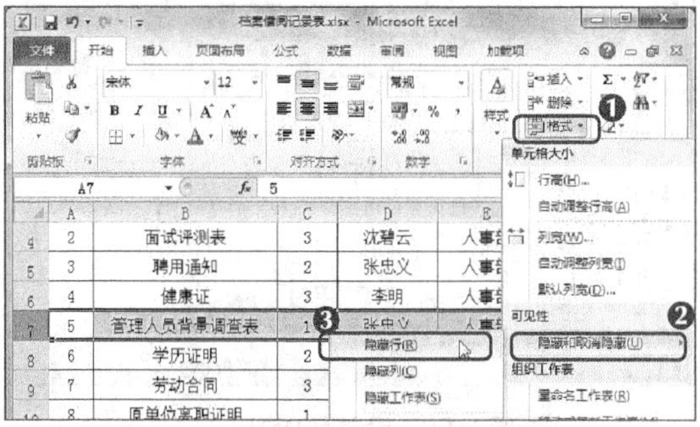

图3-45　选择"隐藏行"命令

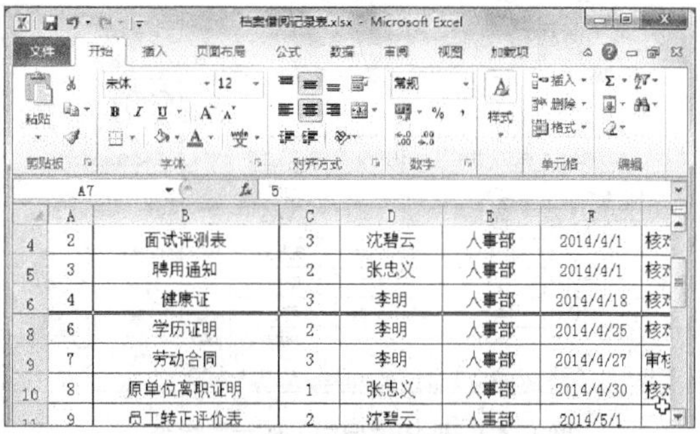

图3-46　隐藏行后的效果

STEP 4 在【视图】/【显示】组中撤销选中"网格线"复选框，如图3-47所示。

STEP 5 工作表中即可隐藏网格线，如图3-48所示。

图3-47　撤销网格线

图3-48　撤销网格线的结果

知识提示

隐藏列单元格的操作与隐藏行单元格的操作相似，方法为：选择要隐藏的列后，在【开始】/【单元格】组中单击 格式▾ 按钮，在弹出的下拉列表中选择"隐藏和取消隐藏"选项，在其子菜单中选择"隐藏列"选项，即可隐藏所选列。如果想将隐藏后的行或列重新显示出来，首先要选择与隐藏行或列相邻的单元格，如隐藏第6行，则需同时选择第5行和第7行，然后再单击 格式▾ 按钮，在弹出的下拉列表中选择"隐藏和取消隐藏"选项，在其子菜单中选择"取消隐藏行"或"取消隐藏列"选项。

4．保护工作表和工作簿

为防止他人对工作表中的数据进行篡改，下面将对工作表和工作簿进行保护设置，其具体操作如下。（ 📽拓展微课：光盘\微课视频\项目三\保护工作表.swf、保护工作簿结构.swf）

STEP 1 在"Sheet1"工作表的【开始】/【单元格】组中单击 格式▾ 按钮，在弹出的下拉列表中选择"保护工作表"选项，如图3-49所示。

STEP 2 打开"保护工作表"对话框，在"取消工作表保护时使用的密码"文本框中输入密码"123"，然后单击 确定 按钮，如图3-50所示。

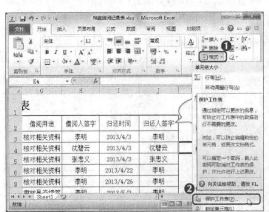

图3-49 选择"保护工作表"命令   图3-50 设置保护密码

STEP 3 打开"确认密码"对话框，在"重新输入密码"文本框中输入与上一步操作相同的密码，然后单击 确定 按钮，如图3-51所示。

STEP 4 此时，再对"Sheet1"工作表进行操作时将打开如图3-52所示的提示对话框，提示进行操作之前应取消该工作表的保护状态。

图3-51 再次输入保护密码   图3-52 提示工作表处于保护状态

STEP 5 继续在"Sheet1"工作表的【审阅】/【更改】组中单击 保护工作簿 按钮,如图3-53所示。

STEP 6 打开"保护结构和窗口"对话框,单击选中其中的"结构"复选框,然后在"密码"文本框中输入"123",最后单击 确定 按钮,如图3-54所示。

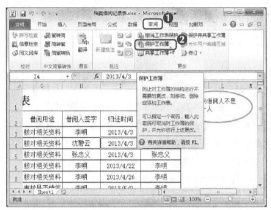

图3-53 单击"保护工作簿"按钮

图3-54 设置保护参数

STEP 7 打开"确认密码"对话框,在"重新输入密码"文本框中输入与上一步操作相同的密码,然后单击 确定 按钮,如图3-55所示。

STEP 8 单击菜单栏中的"关闭窗口"按钮 ,在弹出的提示对话框中单击 保存(S) 按钮,如图3-56所示,保存对工作簿的修改后关闭工作簿。

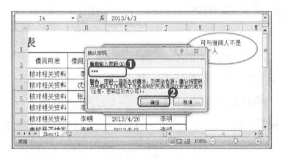

图3-55 再次输入保护密码

图3-56 保存并关闭工作簿

知识提示

"保护工作簿"对话框中的"结构"复选框是指不能对工作簿中的工作表进行重命名、新建、移动、复制,以及更改工作表标签颜色等操作,而"窗口"复选框则是指不能调整工作簿窗口大小和关闭工作簿。

实训一 制作"员工奖惩记录表"表格

【实训目标】

人力资源部近期对公司的员工奖惩记录条例进行了调整和修改,因此需要重新制作员工奖惩记录表,以便以新的规则对员工的奖惩进行记录。老张让小白来完成这一工作,并设置相应表格的数据有效性。

完成本实训需要熟练掌握数据的输入和单元格格式的设置方法，熟练掌握定义名称的相关操作和数据有效性的设置方法。本实训完成后的最终效果如图3-57所示。

 效果所在位置 光盘:\效果文件\项目三\员工奖惩记录表.xlsx

员工编号	姓名	奖惩事项	统计					
			嘉奖	小功	大功	警告	小过	大过
101	张悦	月度优秀员工（销售部）	1					
102	柳月飞	月度优秀员工（后勤部）	1					
103	蒋少峰	不按规定着装，不带胸牌	1			3		
104	杨晨	月度优秀员工（客服部）	1					
105	李果儿	无格迟到、早退、脱岗					2	
106	张春倪	消除事故隐患，使公司免遭损害	1					
107	严国荣	忠于职守、任劳任怨堪称员工楷模		2				
108	何静	请别人代打考勤卡						3
109	赵明天	提出建设性的意见和工作方案	2					
110	王容	玩忽职守，造成不良影响						1
111	陈建军	员工相互争吵，谩骂						1
112	刘若远	对新产品的研发做出杰出贡献			2			
113	姜桂华	不执行服务规范、工作程序				2		
114	江雯	引起客有不满投诉				2		
115	孙海鹰	蓄意不完成预定工作量					1	
116	杜阳	对公司经营和管理的重大决策出谋划策，并取得卓越成效		1				
117	许晓惠	季度优秀员工（客服部）	3					
118	周阳	季度优秀员工（销售部）	3					
合计			13	3	2	5	8	2

（请输入0-10之间的整数）

图3-57 "员工奖惩记录表"最终效果

【专业背景】

奖励制度可以发挥对员工的激励作用，从而更好地激发员工对工作的积极性。规范公司纪律处罚政策，可以创造高效、公正、公平的工作环境，维护公司正常运营。

公司奖惩一般与绩效考核工作同步，由人力资源部定期收集汇总，与员工绩效考核，以及晋升、降级、人才梯队建设及培训等产生直接影响。

【实训思路】

完成本实训需要先创建表格的基本框架，然后设置文本格式并添加表格边框，最后在表格中设置数据有效性。其操作思路如图3-58所示。

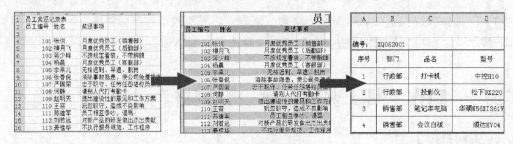

①输入基本表格数据　②设置字符格式并添加边框　③设置数据有效性

图3-58 制作"员工奖惩记录表"的思路

【步骤提示】

STEP 1 新建空白工作簿后，将“Sheet1”工作表重命名为“第一季度”。

STEP 2 根据奖惩通知单输入对应的数据内容，并进行相应的合并后居中操作，然后将合并后的A1单元格文本格式设置为“22，加粗”。

STEP 3 选择第2行的文本，将其格式设置为“加粗，居中”。

STEP 4 选择G4:L22单元格区域，打开“数据有效性”对话框，在“设置”选项卡中，将允许输入数据的有效范围设置为0～10的整数。

STEP 5 在“输入信息”选项卡中单击选中“选定单元格时显示输入信息”复选框，并在“输入信息”文本框中输入提示内容，最后单击 确定 按钮。

STEP 6 在【审阅】/【更改】组中单击 保护工作簿 按钮，在打开的“保护工作簿”对话框中单击选中“结构”和“窗体”复选框，并输入保护密码“123”。

实训二　制作“员工入职登记表”表格

【实训目标】

为了详细了解员工的基本情况信息，避免今后发生劳动纠纷，公司决定进一步完善现有的“员工入职登记表”内容，并将此任务交由小白来完成。

该任务需要在现有工作表中增加工作经历、工作申请、学习经历等相关内容，然后再对表格中的数据进行保护设置。本实训完成后的最终效果如图3-59所示。

效果所在位置　光盘:\效果文件\项目三\员工入职登记表.xlsx

1	R&H健身器材有限公司						
2	员工入职登记表						
3	填表日期：　年　月　日						贴照片处
4	个人基本状况	姓　名	沈雪	性别	女	婚姻状况	未婚
5		身份证号码	5101591983012****	出生日期		1983/1/26	
6		联系电话	1388010****	文化程度		大学本科	
7		现家庭住址	四川 省　成都　市(县)	乡(镇、区)		村(街道)	
8		身份证地址	成都市林学街13号				
9		英语水平	四级	其他特长或技能		有较强的文字功底	
10		紧急情况联系人	沈碧雯	电　话		1362655****	
11	学习经历	时　间	院校名称	专业		学历	证书
12		2002-7～2006-7	西成大学	工商企业管理		本科	有
13		2008-9～2010-7	四海大学	计算机		本科	有
14							
15							
16	工作经历	时　间	公司名称、曾任职务、离岗原因			证明人	联系方式
17		2007-10～2009-4	明忌科技、总经理助理、家里发生变故			李明	1300286****
18		2010-8～2012-12	小兰花广告有限公司、平面设计、工作环境发生改变			陈明光	1351899****
19							
20							
21	主要家庭成	称　谓	姓　名	工　作　单　位			工作岗位
22		父亲	沈强	无			
23		母亲	张小玲	无			
24							
25							
26	工	应聘职位	销售主管	试用期	3个月	试用期工资	2000元/月
28	申明						

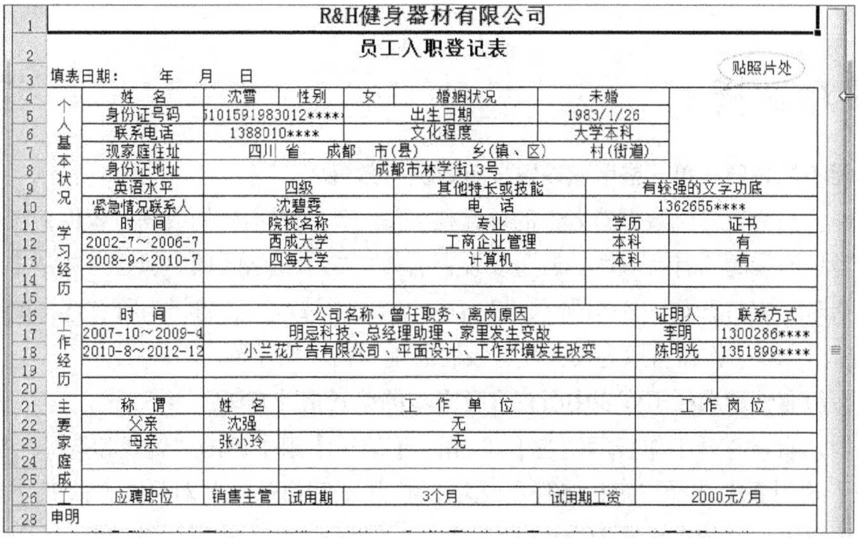

图3-59　“员工入职登记表”最终效果

【专业背景】

员工入职登记表是指新员工入职时所填写的，以员工个人信息为主要内容的登记表格。它可以用于证明员工与公司之间的劳动关系，同时，公司有权将其作为证据用以追究员工提供虚假信息的责任。员工登记表的内容与员工入职前所提供的简历内容应基本一致，通常包括学历、工作履历、家庭成员、培训经历、健康状况等信息。

【实训思路】

完成本实训应先制作表格框架并输入数据，然后设置数据有效性并定义单元格区域名称，最后设置工作簿保护。其操作思路如图3-60所示。

①制作表格框架数据　　　　②设置数据有效性　　　　③保护工作簿

图3-60　制作"员工入职登记表"的思路

【步骤提示】

STEP 1 启动Excel 2010，合并单元格并输入表格标题，将标题格式设置为"宋体、18、加粗"，设置第2行的文本格式为"宋体、加粗、16"。

STEP 2 输入其他表格内容，设置文本格式并添加边框，在贴照片处添加形状，并在形状内输入文字。

STEP 3 选择合并后的I4:K4单元格区域，为其设置数据有效性。

STEP 4 选择各个区域，为单元格区域命名，最后设置工作表和工作簿保护，密码为"123"。

常见疑难解析

问：能不能为同一单元格区域设置多重数据有效性？

答：能。当为设置过数据有效性的单元格区域再次设置不同的数据有效性，该单元格区域将同时满足设置的所有有效性。若重复设置有效性的单元格区域中包含一些从未设置有效性的单元格时，将打开如图3-61所示的对话框，单击 是(Y) 按钮将为所有选择的单元格应用设置，单击 否(N) 按钮将只为设置过有效性的单元格应用设置。

问：有没有快速选择工作表中所有含有文本的单元格的方法？

答：当然有。打开工作表后，在【开始】/【编辑】组中单击"查找和选择"按钮 ，在弹出的下拉列表中选择"定位条件"选项，打开"定位条件"对话框，在其中单击选中"常量"单选项，并依次撤销选中"数字"、"逻辑值"、"错误"复选框，单击 确定按钮，如图3-62所示，此时将选中所有包含文本的单元格和单元格区域。

图3-61　重复设置数据有效性　　　　　　图3-62　设置定位条件

拓展知识

1. 删除工作表

当工作簿中出现多余工作表或是工作表数量太多时，为了节省计算机资源可以将无用的工作表即时删除。删除工作表的方法为：在工作簿中选定需删除的工作表后，在【开始】/【单元格】组中单击 ⨯ 删除 按钮右侧的下拉按钮 ，在弹出的下拉列表中选择"删除工作表"选项即可。若需删除的工作表中含有数据，则在选择删除命令后，将打开提示对话框，提示删除后表格中的数据将永远不能恢复。单击 删除 按钮，表示删除所选工作表；单击 取消 按钮，表示取消该操作。

2. 根据现有工作簿新建表格

在Excel 2010中要创建新工作簿，可以打开一个空白工作簿，也可以基于现有工作簿或默认工作簿模板来创建。根据现有工作簿新建表格的方法与通过模板新建表格的方法类似。

具体操作方法为：在Excel工作界面中选择【文件】/【新建】菜单命令，在中间的"可用模板"栏中选择"根据现有内容新建"选项，打开"根据现有工作簿新建"对话框，在其中选择所需工作簿，如图3-63所示，单击 新建(C) 按钮，即可快速创建一个与所选工作簿完全相同的新工作簿。

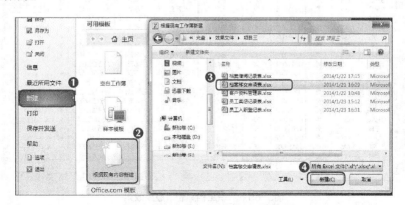

图3-63　根据现有工作簿新建表格

课后练习

 效果所在位置 光盘:\效果文件\项目三\供货方档案表.xlsx、职工档案表.xlsx

（1）公司要求对每一位供货商的资质进行审核，并整理所有供货商信息，最后将符合要求的筛选出来。本题涉及定义名称、管理名称和在不同工作簿之间复制工作表的相关知识，制作完成后的效果如图3-64所示。

图3-64 "供货方档案表"最终效果

（2）根据提供的资料，填写职工档案表，要求先建立数据框架，然后输入数据，设置底纹，并为"婚姻状况"列设置数据有效性，为"基本工资"列设置输入信息，最终效果如图3-65所示。

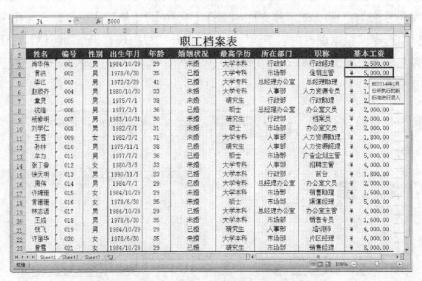

图3-65 "职工档案表"最终效果

PART 4

项目四
人事招聘

情景导入

公司决定扩大规模，需要招聘一批人才，以作储备。人力资源部门决定举办一次现场招聘会，小白主要负责会前的准备和人员招募工作，并参与人员甄选工作。

知识技能目标

- 熟练掌握常用公式与函数的使用方法。
- 熟练掌握数据的录入、排序、筛选以及分类汇总等基本操作。
- 熟练掌握图表的分类和设置方法。

- 了解人员招聘和面试的基本流程。
- 掌握"应聘人员成绩表"、"新员工培训成绩汇总"、"新员工技能考核统计表"等表格的制作。

项目流程对应图

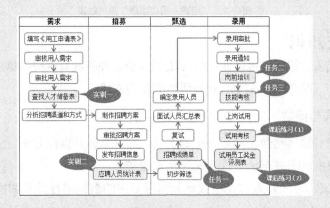

任务一 计算“应聘人员成绩表”表格

应聘人员成绩单是应聘人员向用人单位展示自己的学习水平、工作能力或综合素质的凭据，也是企业判断应聘人员是否符合录取资格的重要参考指标。应聘成绩单中的考核项目根据各用人单位的岗位需求会有所不同，一般包含面试成绩、笔试成绩、综合素质等。

一、 任务目标

通过近一周的招聘工作，公司获取了众多应聘人员的相关资料，并经公司研究决定，让小白对招聘成绩单进行统计，然后再从中进行初步筛选。该任务需要用Excel提供的常用公式和函数进行计算，如SUM、MAX、SIN等函数，然后再利用逻辑函数分析合格人员。本任务完成后的最终效果如图4-1所示。

素材所在位置 光盘:\素材文件\项目四\应聘人员成绩表.xlsx
效果所在位置 光盘:\效果文件\项目四\应聘人员成绩表.xlsx

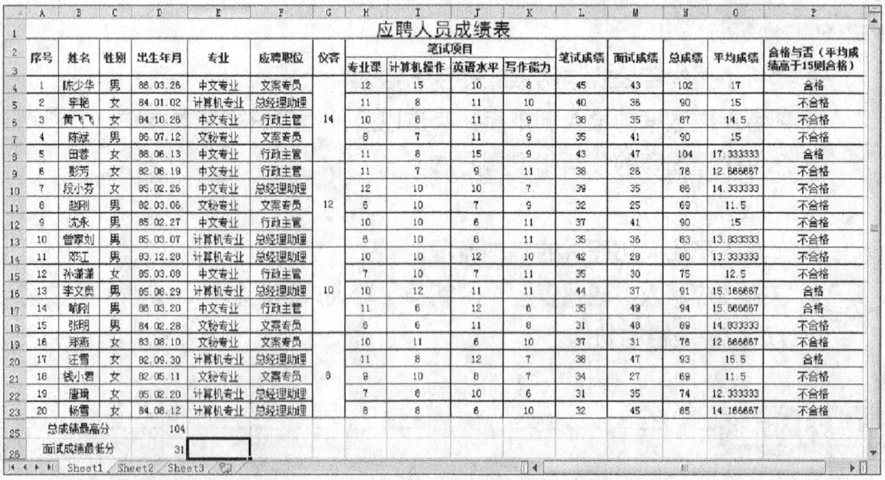

应聘人员成绩表

序号	姓名	性别	出生年月	专业	应聘职位	仪容	笔试项目				笔试成绩	面试成绩	总成绩	平均成绩	合格与否（平均成绩高于15则合格）
							专业课	计算机操作	英语水平	写作能力					
1	陈少华	男	88.03.26	中文专业	文案专员		12	15	10	8	45	43	102	17	合格
2	李艳	女	84.01.02	计算机专业	总经理助理		11	8	11	10	40	36	90	15	不合格
3	黄飞飞	女	84.10.26	中文专业	行政主管	14	10	8	11	9	38	35	87	14.5	不合格
4	陈斌	男	86.07.12	文秘专业	文案专员		8	7	11	9	35	41	90	15	不合格
5	田蓉	女	88.06.13	中文专业	行政主管		11	8	15	9	43	47	104	17.333333	合格
6	彭芳	女	82.06.19	中文专业	行政主管		11	7	9	11	38	26	78	12.666667	不合格
7	段小芬	女	85.02.26	中文专业	总经理助理		12	10	10	7	39	35	86	14.333333	不合格
8	赵刚	男	82.03.06	文秘专业	文案专员	12	6	10	7	9	32	25	69	11.5	不合格
9	沈永	男	85.02.27	中文专业	行政主管		10	10	6	11	37	41	90	15	不合格
10	曾家刘	男	85.03.07	计算机专业	总经理助理		6	10	8	11	35	36	83	13.833333	不合格
11	邓江	男	83.12.28	计算机专业	总经理助理		10	10	12	10	42	28	80	13.333333	不合格
12	孙潇潇	女	85.03.08	中文专业	行政主管		7	10	7	11	35	30	75	12.5	不合格
13	李文奥	男	85.06.29	计算机专业	总经理助理	10	10	12	11	11	44	37	91	15.166667	合格
14	喻刚	男	88.03.20	中文专业	行政主管		11	6	12	6	35	49	94	15.666667	合格
15	张明	男	84.02.28	文秘专业	文案专员		6	6	11	8	31	48	89	14.833333	不合格
16	郑燕	女	83.08.10	文秘专业	文案专员		10	11	6	10	37	31	76	12.666667	不合格
17	汪雪	女	82.09.30	计算机专业	总经理助理		11	8	12	7	38	47	93	15.5	合格
18	钱小君	女	82.05.11	文秘专业	文案专员	8	9	10	8	7	34	27	69	11.5	不合格
19	屠琦	女	85.02.20	计算机专业	总经理助理		7	8	10	6	31	35	74	12.333333	不合格
20	杨雪	女	84.08.12	计算机专业	总经理助理		8	8	6	10	32	45	85	14.166667	不合格
总成绩最高分			104												
面试成绩最低分			31												

图4-1 “应聘人员成绩表”最终效果

二、 相关知识

在工作表中输入数据后，可以通过Excel提供的公式和函数对这些数据进行自动、精确、高速的运算处理。下面介绍Excel中公式与函数的使用方法。

1. 认识公式与函数

公式与函数是计算表格数据不可缺少的工具，熟练掌握其操作方法可大幅度提高工作效率。下面分别介绍Excel公式与函数的含义和基本操作。

- **公式的含义**：公式是对单元格或单元格区域内的数据进行计算和操作的等式，它遵循一个特定的语法或次序：最前面是等号“=”，后面是参与计算的元素和运算符，如图4-2所示。每个元素可以是常量数值、单元格或引用单元格区域、名称等。

- **公式的使用**：在Excel中输入公式的方法很简单，选择要输入公式的单元格后，单击编辑栏，将文本插入点定位于编辑栏中，输入"="后再输入公式内容，输入完成后按【Enter】键即可将公式运算的结果显示在所选单元格中，如图4-3所示。

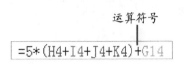

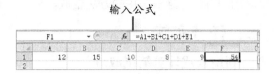

图4-2 公式的构成　　　　　　　　图4-3 公式的使用

- **函数的含义**：Excel将具有特定功能的一组公式组合在一起就形成了函数，通过它可简化公式的使用。函数一般包括等号、函数名、参数3部分，如"=MAX（A1:F20）"，此函数表示对A1:F20单元格区域内的所有数据求最大值。

- **函数的使用**：利用Excel提供的"插入函数"对话框可以插入Excel自带的任意函数。方法为：选择要存放计算结果的单元格，在【公式】/【函数库】组中单击"插入函数"按钮f_x，打开"插入函数"对话框，如图4-4所示。其中提供了不同类别的函数，选择要插入的函数名称后，单击 确定 按钮，打开"函数参数"对话框，如图4-5所示，在其中设置所选参数的范围，最后单击 确定 按钮完成函数的插入操作。

图4-4 "插入函数"对话框　　　　　　图4-5 "函数参数"对话框

知识提示　　Excel提供了9种不同类别的函数类型，用户可根据实际需求进行选择，系统默认显示的是"常用函数"类别中所包含的函数。需要注意的是，插入不同类型的函数后，其显示的"函数参数"对话框也会有所不同。

2．相对、绝对与混合引用

在公式或函数中，一个引用地址代表工作表中的一个或一组单元格。单元格引用的目的在于标识表格中的单元格或单元格区域，并指明公式中所使用数据的地址。在Excel中，单元格引用分为相对引用、绝对引用、混合引用，它们具有不同的含义。

- **相对引用**：相对引用是指含有公式的单元格的位置发生改变时，单元格中的公式也会随之发生相应的变化。在默认情况下，Excel 2010使用的都是相对引用。

- **绝对引用**：绝对引用是指将公式复制到新位置后，公式中的单元格地址固定不变，与包含公式的单元格位置无关。使用绝对引用时，引用单元格的列标和行号之前分别需添加"$"符号。

● **混合引用**：混合引用是指在一个单元格地址引用中，既有相对引用，又有绝对引用。如果公式所在单元格的位置改变，则相对引用改变，而绝对引用不变。混合引用的方法与绝对引用的方法相似。

三、任务实施

1．利用公式计算笔试成绩

制作本例应先打开素材文件"应聘人员成绩表.xlsx"，然后利用公式计算每一位应聘人员的笔试成绩，其具体操作如下。（ 📀**拓展微课**：光盘\微课视频\项目四\在表格中输入求和公式.swf）

STEP 1 打开素材文件"应聘人员成绩表.xlsx"，选择"Sheet1"工作表中的L4单元格。

STEP 2 单击编辑栏并在文本插入点闪烁处输入符号"="，如图4-6所示。

STEP 3 单击工作表中的H4单元格，此时该单元格周围出现闪烁的边框，继续在编辑栏中输入算术运算符"+"，如图4-7所示。

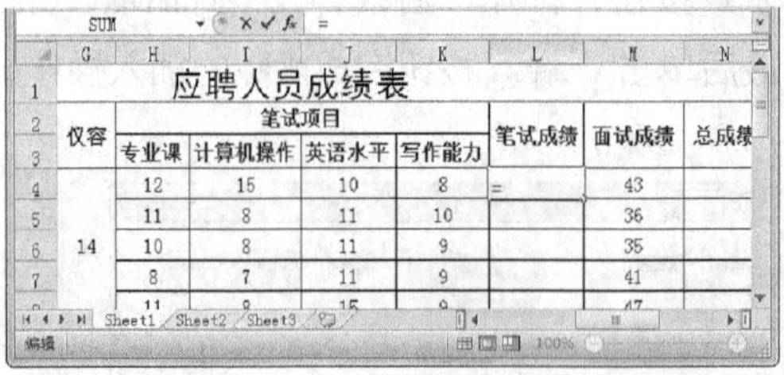

图4-6　输入符号"="　　　　　　　　　　图4-7　引用单元格

STEP 4 单击I4单元格，然后在编辑栏中输入算术运算符"+"，按照相同的操作思路，继续引用J4和K4单元格，并添加算术运算符"+"，如图4-8所示。

STEP 5 完成公式输入操作后，单击编辑区中的"输入"按钮✓或直接按【Enter】键，即可在L4单元格中查看计算结果，如图4-9所示。

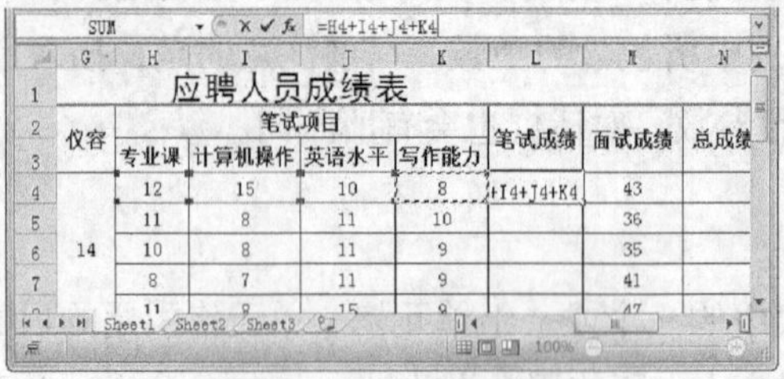

图4-8　引用其他单元格 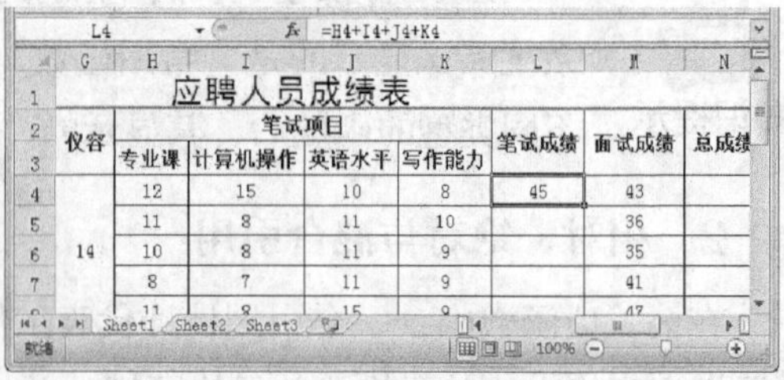　　　　　　　　　图4-9　查看计算结果

STEP 6 选择L4单元格，然后将鼠标指针移至该单元格右下角的"填充柄"■上，当其变为✚形状时，按住鼠标左键不放并向下拖曳，如图4-10所示。

STEP 7 当框选L5:L23单元格区域后释放鼠标，完成公式的复制，并在该区域内自动显示计算结果，如图4-11所示。

	应聘人员成绩表						
仪容	笔试项目				笔试成绩	面试成绩	总成绩
	专业课	计算机操作	英语水平	写作能力			
	12	15	10	8	45	43	
	11	8	11	10		36	
14	10	8	11	9		35	
	8	7	11	9		41	
		11		9	15	47	

图4-10 拖曳填充柄

16	10	10	12	11	11	44	37
17		11	6	12	6	35	49
18		6	6	11	8	31	48
19		10	11	6	10	37	31
20		11	8	12	7	38	47
21	8	9	10	8	7	34	27
22		7	8	10	6	31	35
23		8	8	6	10	32	45

图4-11 释放鼠标后显示计算结果

2．统计总成绩和平均成绩

计算完笔试成绩后，下面将利用SUM函数和AVERAGE函数快速计算总成绩和平均成绩，然后进行公式复制。其中主要包括单元格引用和插入并编辑函数等操作，其具体操作如下。（拓展微课：光盘\微课视频\项目四\在表格中插入求和函数和平均函数并计算出结果.swf）

STEP 1 在"Sheet1"工作表中选择N4单元格，在【公式】/【函数库】组中单击"插入函数"按钮 _fx_ ，如图4-12所示。

STEP 2 打开"插入函数"对话框，在"或选择类别"下拉列表中选择"常用函数"选项；在"选择函数"列表框中选择"SUM"选项，然后单击 确定 按钮，如图4-13所示。

> 多学一招　利用 _fx_ 按钮也能打开"插入函数"对话框，方法为：在工作表中选择要显示计算机结果的单元格后，单击编辑区中的"插入函数"按钮 _fx_ ，便可快速打开"插入函数"对话框。

图4-12 选择菜单命令

图4-13 选择要插入的函数

STEP 3 打开"函数参数"对话框，在"Number1"文本框中自动匹配了要引用的单元格，由于引用单元格有误，此时需要单击"Number1"文本框右侧的"收缩"按钮 ，如图4-14所示。

STEP 4 在当前工作表中拖曳鼠标选择L4:M4单元格区域，然后单击"函数参数"对话框中的"展开"按钮 ，如图4-15所示。

> 多学一招　在"函数参数"对话框的文本框中可以直接输入要引用的参数，包括单个单元格、单元格区域、文本、公式逻辑值等。例如，在SUM函数的"Number1"文本框可直接输入单元格区域L4:M4。

图4-14　单击"收缩"按钮

图4-15　选择要引用的单元格区域

STEP 5　返回"函数参数"对话框，单击 确定 按钮完成函数的插入操作，并在N4单元格中显示计算结果，如图4-16所示。

STEP 6　将文本插入点定位到编辑栏中的右括弧之后，输入运算符号"+"和要引用的单元格"G4"，如图4-17所示。

图4-16　查看计算结果

图4-17　利用公式计算总成绩

STEP 7　保持文本插入点的位置不变，直接按【F4】键，将引用单元格G4变为绝对引用，然后单击编辑区中的"输入"按钮☑️，如图4-18所示。

STEP 8　此时，N4单元格自动显示计算结果，将鼠标指针定位到N4单元格右下角的"填充柄"■上，当其变为╋形状时，按住鼠标左键不放并向下拖曳至N8单元格后释放鼠标。

STEP 9　使用相同的方法，计算N列其他单元格的总成绩，效果如图4-19所示。

图4-18　绝对引用单元格数据

图4-19　复制公式

知识提示

利用填充柄进行复制操作后，在最末单元格的右下角将默认弹出"自动填充选项"按钮🔳，单击该按钮，将弹出一个下拉列表，其中提供了3个选项。单击选中"复制单元格"单选项，表示同时复制单元格格式和运算模式；选中"仅填充格式"单选项，表示只复制所选单元格格式；单击选中"不带格式填充"单选项，则表示只复制所选单元格运算模式。

STEP 10 选择O4单元格，然后单击编辑区中的"插入函数"按钮 *fx*，如图4-20所示。

STEP 11 打开"插入函数"对话框，在"常用函数"类别中选择"AVERAGE"函数，然后单击 确定 按钮。

STEP 12 打开"函数参数"对话框，直接按【Delete】键将"Number1"文本框中引用的单元格区域删除，然后输入要运算的参数，最后单击 确定 按钮，如图4-21所示。

图4-20 单击"插入函数"按钮　　　　　　图4-21 设置函数参数

STEP 13 将鼠标指针定位到O4单元格右下角的"填充柄" ■ 上，当其变为 **+** 形状时，按住鼠标左键不放向下拖曳至O23单元格后释放鼠标，复制相应的等式。

3．查看最高分与最低分

成功计算出所有应聘人员的总成绩和笔试成绩后，下面将从中筛选出总成绩最高分和笔试成绩最低分，利用Excel提供的MAX函数和MIN函数便可轻松实现，其具体操作如下。

（📹拓展微课：光盘\微课视频\项目四\MAX函数.swf、MIN函数.swf）

STEP 1 选择当前工作表中的D25单元格后，打开"插入函数"对话框，在"常用函数"类别中选择"MAX"函数，然后单击 确定 按钮，如图4-22所示。

STEP 2 打开"函数参数"对话框，单击"Number1"文本框右侧的"收缩"按钮 ，缩小对话框后在工作表中拖曳鼠标选择N4:N23单元格区域，然后单击"展开"按钮 。

STEP 3 返回"函数参数"对话框，确认引用单元格无误后，单击 确定 按钮完成计算，如图4-23所示。

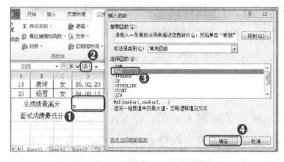

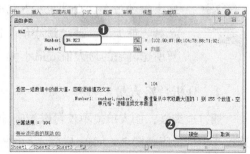

图4-22 选择要插入的函数　　　　　　　图4-23 设置函数参数

多学一招　　在"插入函数"对话框中选择需插入的函数后，如果对所选函数的使用方法不熟悉，则可单击对话框左下角的"有关该函数的帮助"超链接，在打开的"Microsoft Excel 帮助"窗口中详细了解该函数的结构和使用方法。

STEP 4 选择D26单元格，打开"插入函数"对话框。在"或选择类别"下拉列表中选择"统计"选项，在"选择函数"列表框中选择"MIN"选项，然后单击 确定 按钮，如图4-24所示。

STEP 5 打开"函数参数"对话框，直接按【Delete】键将"Number1"文本框中引用的单元格区域删除，然后输入参与运算的单元格区域，这里输入"L4:L23"单元格区域，最后单击 确定 按钮，如图4-25所示。

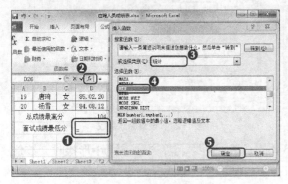
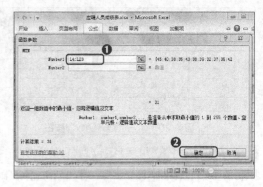

图4-24 选择要计算的函数 　　　　　图4-25 设置函数参数

STEP 6 此时，将在D26单元格中显示面试成绩最小值，如图4-26所示。

图4-26 查看计算结果

在工作表中，选定求最大值或最小值的单元格后，在【公式】/【函数库】组中单击"自动求和"按钮 Σ· 右侧的下拉按钮 ，在弹出的下拉列表中选择"最大值"或"最小值"选项后，再设置函数的参数范围，也可快速计算所选区域的最大值或最小值。

4．分析合格人员

通过成绩表，用人单位不仅可以清晰地了解每一位应聘者的综合能力，而且还能从中快速挑选出符合应聘要求的储备人才。下面将利用IF函数选拔出符合本单位发展需求的人员，其具体操作如下。（ 拓展微课：光盘\微课视频\项目四\自动判断是否合格.swf）

STEP 1 选择P4单元格，打开"插入函数"对话框。在"或选择类别"下拉列表中选择"逻辑"选项，在"选择函数"列表框中选择"IF"选项，然后单击 确定 按钮，如图4-27所示。

STEP 2 打开"函数参数"对话框，在"Logica_test"文本框中的文本插入点处输入逻辑函数的判断条件"O4>15"，如图4-28所示。

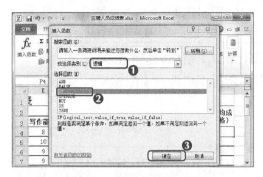

图4-27 选择要插入的函数

图4-28 设置判断条件

STEP 3 单击"Value_if_true"文本框，并在文本插入点处输入符合条件的逻辑值"合格"，然后用相同的操作方法，在"Value_if_false"文本框中输入不符合条件的逻辑值"不合格"，然后单击 确定 按钮，如图4-29所示。

STEP 4 拖曳P4单元格右下角的填充柄，将该单元格中的函数复制到P5:P23单元格区域，最终效果如图4-30所示。

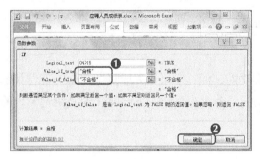

图4-29 设置逻辑值

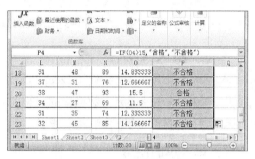

图4-30 复制函数

多学一招　　选择含有公式且需要进行复制的单元格后，将鼠标指针移至所选单元格的边框上，然后按住【Ctrl】键，此时鼠标指针将变为形状，按住【Ctrl】键不放并拖曳鼠标，同样可以实现单元格中公式的复制。

任务二 制作"新员工培训成绩汇总"表格

经过一轮严格的笔试和面试，公司从应聘人员中筛选了一批表现比较优秀的员工作为人才储备的新员工。为了保证新员工上岗后能胜任相关的工作，公司决定对这些新员工进行一个短期的培训。

一、任务目标

老张决定安排小白来完成此次新员工培训成绩的汇总和统计工作，在此之前，小白需要对新员工的信息、管理人员意见等信息进行汇总，然后再将统计结果汇总到培训成绩表中。

要完成该任务，需要掌握Excel在数据管理方面的相关知识，主要包括数据的排序、筛选、分类汇总、数据有效性、记录单的使用等。本任务完成后的最终效果如图4-31所示。

素材所在位置　光盘:\素材文件\项目四\新员工培训成绩汇总.xlsx
效果所在位置　光盘:\效果文件\项目四\新员工培训成绩汇总.xlsx

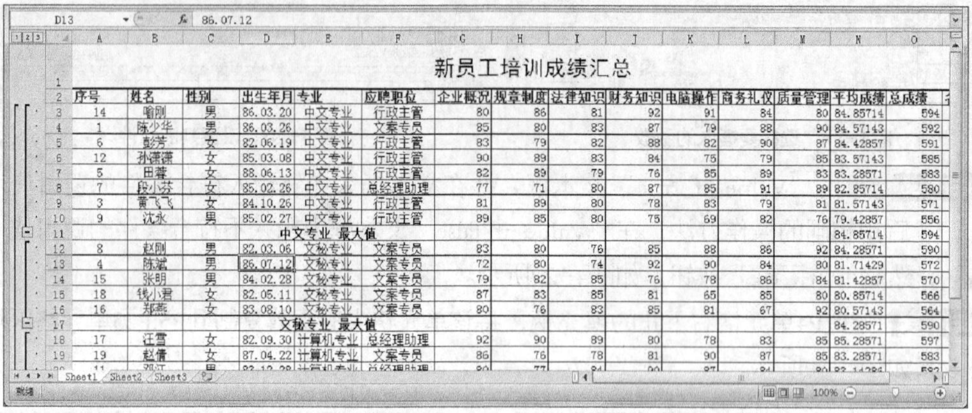

图4-31　"新员工培训成绩汇总"最终效果

二、相关知识

本例的制作重点是学会使用Excel的数据管理功能，通过它轻松完成复杂数据的管理和统计工作，特别是在处理庞大数据量的表格时该功能显得尤为重要。下面将详细介绍记录单的使用和数据的排序、筛选和汇总功能。

1．记录单的使用

记录单实质上就是一个二维表格，它以列为字段、行为记录，即一列表示一个字段，一行表示一条记录，一条记录就是一个完整的数据集合，它对于管理复杂工作表中的数据信息非常适用。在工作表中使用记录单输入字段或记录时，Excel 2010会自动创建对应的数据库，并将各种数据信息集合在如图4-32所示的对话框中，其中常用按钮的作用如下。

● **新建(W) 按钮**：单击该按钮，将打开新建记录对话框，在各文本框中输入相应内容后按【Enter】键，即可快速在所选择单元格区域的最后添加一条新记录。

● **删除(D) 按钮**：单击该按钮，可将当前显示记录从表格中删除。

● **上一条(P) 按钮**：单击该按钮，可切换至上一条数据记录。

● **下一条(N) 按钮**：单击该按钮，可切换到下一条数据记录。

● **条件(C) 按钮**：单击该按钮，将打开Criteria查找对话框，在各文本框中输入要查找的关键字后按【Enter】键，此时，记录单对话框将自动查找符合条件的记录并将其显示出来。

图4-32　记录单

由于Excel 2010中默认界面中没有记录单功能，因此在使用该功能时，需要先将其添加到界面中，具体操作为：选择【文件】/【选项】菜单命令，打开"Excel 选项"对话框，在左侧的列表中选择"自定义功能区"选项，在右侧窗格中的"从下列位置选择命令"下拉列表中选择"不在功能区中的命令"选项，从下面的列表框中选择"记录单"选项，在右侧的列表中选择要添加到的选项卡，单击 新建组(N) 按钮，新建一个组，再单击 重命名(M)... 按钮，在打开的"重命名"对话框中更改新建组的名称，单击 确定 按钮，返回"Excel 选项"对话框，单击 添加(A) >> 按钮，再单击 确定 按钮，"记录单"功能按钮即被添加到相应的选项卡中，如图4-33所示。

需要注意的是，由于添加的字段各不相同，所以打开的记录单对话框也有所不同。

图4-33　添加记录单功能

2．排序、筛选、分类汇总概述

利用Excel强大的排序、筛选、分类汇总功能，可以快速浏览、查询、统计出表格中的相关数据，从而获取更多有价值的数据信息，便于企业做出正确的预测和判断。下面将分别介绍各功能的含义。

- **排序**：数据排序是指根据存储在表格中的数据种类，将其按一定的方式进行重新排列。Excel的数据排序包括简单排序、高级排序、自定义排序3种方式。选择需进行排序数据列中的任意单元格后，在【数据】/【排序和筛选】组中单击"升序排序"按钮 或"降序排序"按钮 即可实现简单排序操作。要想进行高级排序或自定义排序，则需要打开"排序"对话框进行设置。

- **筛选**：利用数据筛选功能，可在表格中选择性地查看满足条件的记录。Excel 2010提供了自动筛选和高级筛选两种方式。选择需进行筛选的工作表的表头，在【数据】/【排序和筛选】组中单击"筛选"按钮 ，利用表头中各字段右侧出现的 按钮，即可实现自动筛选操作。而高级筛选操作则需要单击 高级 按钮，在打开"高级筛选"对话框中进行设置。

- **分类汇总**：利用Excel的分类汇总功能可以将数据按设置的类别进行分类，同时，还可以对汇总的数据进行求和、计数、乘积等统计。首先对需进行分类汇总的数据进行排序，然后在【数据】/【分级显示】组中单击 分类汇总 按钮，在打开的"分类汇总"对话框中设置分类字段和汇总方式，最后单击 确定 按钮。

三、任务实施

1．利用记录单管理数据

由于表格中所含行列数较多，若是按逐行、逐列的方式查找要添加记录的位置就比较麻烦，此时，可利用记录单进行数据管理。本任务需先在表格中添加一条新记录，并将"邓江"的质量管理成绩改为"83"，其具体操作如下。（📽拓展微课：光盘\微课视频\项目四\修改数据记录.swf）

STEP 1 打开"新员工培训成绩汇总.xlsx"表格，在"Sheet1"工作表中选择包含数据信息的任意一个单元格，然后在【开始】/【记录单】组中单击"记录单"按钮▤，如图4-34所示。

STEP 2 打开"Sheet1"记录单对话框，单击右侧的 条件(C) 按钮。

STEP 3 在打开的Criteria查找对话框中的"姓名"文本框中输入关键字"邓江"，然后按【Enter】键将该条记录的所有数据信息显示出来，如图4-35所示。

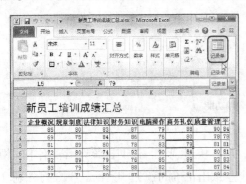

图4-34　单击"记录单"按钮

图4-35　查找要修改的记录

STEP 4 将文本插入点定位到"质量管理"文本框中，按【Delete】键将原始成绩删除，然后重新输入新的笔试成绩"83"，最后单击 新建(W) 按钮，如图4-36所示。

STEP 5 在打开的新建记录对话框中输入新添加记录的相关数据，如图4-37所示，然后按【Enter】键将记录添加到工作表中。

图4-36　修改成绩

图4-37　添加新记录

利用记录单管理表格数据时，单击记录单中的 条件(C) 按钮后，在打开的Ctiteria查找对话框中单击 表单(E) 按钮将返回记录单对话框。

STEP 6 单击新建记录对话框中的 关闭(L) 按钮，返回表格中查看修改和添加记录后的表格效果，如图4-38所示。

	B	C	D	E	F	G	H	I	J	K	L	M	N	O	P	Q
11	沈永	男	85.02.27	中文专业	行政主管	89	85	80	75	69	82	76	79.42857	556	16	合格
12	詹富刘	男	85.03.07	计算机专业	总经理助理	80	84	68	79	86	80	72	78.42857	549	17	不合格
13	邓江	男	83.12.28	计算机专业	总经理助理	80	77	84	90	87	84	80	83.14286	582	5	合格
14	孙潇潇	女	85.03.08	中文专业	行政主管	90	89	83	84	75	79	85	83.57143	585	6	合格
15	李文奥	男	85.08.29	中文专业	总经理助理	88	78	90	69	80	83	90	82.57143	578	10	合格
16	喻则	男	86.03.20	中文专业	行政主管	80	86	81	92	91	84	80	84.85714	594	2	合格
17	张明	男	84.02.28	文秘专业	文案专员	79	82	85	76	78	86	84	81.42857	570	13	合格
18	郑薇	女	83.08.10	文秘专业	文案专员	80	76	83	85	81	67	92	80.57143	564	15	合格
19	汪雪	女	82.09.30	计算机专业	总经理助理	92	90	89	80	78	83	85	85.28571	597	1	合格
20	钱冰倩	女	82.05.11	文秘专业	文案专员	87	83	83	81	65	85	80	85714	566	14	合格
21	赵倩	女	87.04.22	计算机专业	文案专员	86	76	78	81	90	87	85	83.28571	583	7	合格

图4-38 查看管理数据效果

2．按成绩重新排列数据

当表格中出现相同数据时，简单排序操作显然不能满足实际需要，下面将通过高级排序方式，对表格中的"总成绩"进行降序排列，其具体操作如下。（ 拓展微课：光盘\微课视频\项目四\进行自定义排序.swf）

STEP 1 选择需进行排序的单元格区域A3:P21，然后在【数据】/【排序和筛选】组中单击"排序"按钮，如图4-39所示。

STEP 2 打开"排序"对话框，在"主要关键字"栏所在的下拉列表中选择"总成绩"选项，在"次序"下拉列表中选择"降序"选项，如图4-40所示。

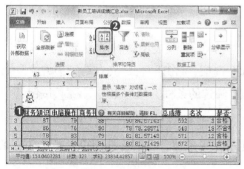

图4-39 单击"排序"按钮

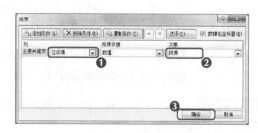

图4-40 设置主要关键字

STEP 3 单击 添加条件(A) 按钮，添加"次要关键字"。在"次要关键字"栏所在的下拉列表中选择"质量管理"选项，然后在右侧的下拉列表中选择"降序"选项，完成设置后单击 确定 按钮，如图4-41所示。

STEP 4 返回工作表中，此时，总成绩将按降序方式进行排列，当遇到相同数据时，再根据"质量管理"的成绩进行降序排列。

STEP 5 选中P21单元格，在编辑栏中将其绝对引用的"$O$20"更改为"$O$21"，最终排序效果如图4-42所示。

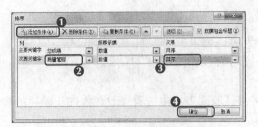

图4-41 设置次要关键字

图4-42 最终排序效果

3. 筛选不合格的员工

利用筛选功能可以查找出满足条件的数据记录，下面使用自动筛选功能快速查培训成绩不合格的新员工，其具体操作如下。（🎬拓展微课：光盘\微课视频\项目四\筛选数据信息.swf）

STEP 1 在"Sheet1"工作表中选择包含数据的任意一个单元格，这里选择O5单元格，然后在【数据】/【排序和筛选】组中单击"筛选"按钮🔻，如图4-43所示。

STEP 2 在表头中各字段右侧自动出现🔻按钮，单击"是否合格"表头右侧的🔻按钮，在弹出的下拉列表中单击选中"不合格"复选框，然后单击 确定 按钮，如图4-44所示。

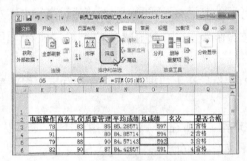

图4-43 单击"自动筛选"按钮

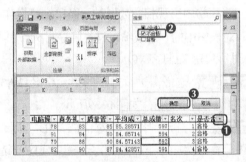

图4-44 选择筛选条件

多学一招

单击表头字段右下角的🔻按钮，在弹出的列表中选择"数字筛选"选项，在其子列表中选择"自定义筛选"选项，打开"自定义自动筛选方式"对话框，在其中可以同时自定义两个要筛选的条件，然后单击 确定 按钮，也可以实现数据筛选操作。

STEP 3 返回工作表中，此时系统将根据给定的约束条件，自动筛选出符合条件的两条记录，如图4-45所示。

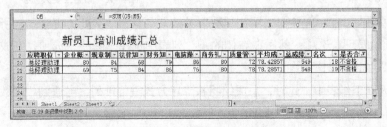

图4-45 筛选出符合条件的记录

4．按专业分类汇总面试数据

利用Excel的分类汇总功能可以更加清晰地了解表格中的数据信息，下面将对"Sheet1"工作表中的"专业"数据系列进行分类汇总，其具体操作如下。（ **拓展微课**：光盘\微课视频\项目四\进行分类汇总.swf）

STEP 1 在【数据】/【排序和筛选】组中单击"筛选"按钮 ，取消"Sheet1"工作表中的数据筛选状态。

STEP 2 选择需进行分类汇总的数据，这里选择E2单元格，在【数据】/【排序和筛选】组中单击"降序"按钮 ，如图4-46所示。

STEP 3 在【数据】/【分级显示】组中单击 分类汇总 按钮，打开"分类汇总"对话框。

STEP 4 在"分类字段"下拉列表中选择"专业"选项，在"汇总方式"下拉列表中选择"最大值"选项，如图4-47所示。

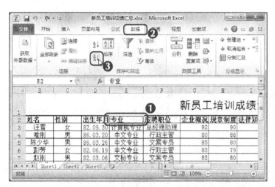

图4-46　对数据进行简单排序

图4-47　设置分类字段和汇总方式

STEP 5 在"选定汇总项"列表框中只单击选中"平均成绩"复选框和"总成绩"复选框，单击 确定 按钮，如图4-48所示。

STEP 6 此时，在"Sheet1"工作表中，Excel将按"专业"分类汇总出"平均成绩"和"总成绩"的最大值，最终效果如图4-49所示。

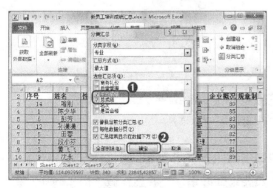

图4-48　选定汇总项目

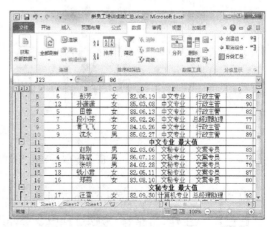

图4-49　分类汇总效果

对工作表中的数据进行分类汇总操作后，在工作表的左上角会自动显示"分级"按钮 1 2 3，单击该按钮可以控制汇总数据的显示方式。其中，单击 1 按钮，可隐藏分类后的所有数据，只显示分类汇总后的总计记录；单击 2 按钮则只显示进行汇总的分类字段和选定的汇总项中的相关数据；单击 3 按钮则显示所有分类数据。

任务三 制作"新员工技能考核统计表"表格

技能考核表是解决人力资源管理难题的一种重要手段，对有效实施人力资源管理具有重大意义。同时，考核表还对员工的招聘与发展有重要意义。针对不同岗位和考核人群，其考核项目会有所不同，一般应包括人际交往能力、沟通能力、计划和执行能力专业技术能力等方面。

一、 任务目标

在培训之后，为了进一步了解新员工的综合能力，人力资源部门决定在分配任务之前对新员工的技能进行全面考核，该项任务将由小白来完成。完成该任务，需要利用图表来直观显示数据信息，然后再根据需要对其进行美化，从而达到有效传递数据信息的目的。本任务完成后的最终效果如图4-50所示。

素材所在位置 光盘:\素材文件\项目四\新员工技能考核统计表.xlsx
效果所在位置 光盘:\效果文件\项目四\新员工技能考核统计表.xlsx

图4-50 "新员工技能考核统计表"最终效果

考评人员专门负责对某工种或级别的职业技能鉴定的考核、监考、评定工作，在整个考核过程中，考评人员要秉公办事，不弄虚作假、徇私舞弊，违者视情节轻重予以处罚。

二、 相关知识

要想清晰地表现数据间的某种相对关系，最简单且直观的方式就是在表格中添加图表。本任务将通过柱形图表来展示表格中各项数据间的相对关系，使数据变得更加生动、形象。下面介绍图表的种类和基本构成。

1．图表的种类

Excel 2010自带了多种不同类型的图表，如柱形图、折线图、圆环图、饼图等，各种图表各有优点，适用于不同的场合。例如，柱形图可直观的对数据进行比较分析，以便得出结果；而折线图则是直观显示数据的变化趋势。

2．常见图表的构成

Excel提供了多种不同类型的图表，其组成元素也不完全相同，但图表区和绘图区是图表构成中必不可少的两个部分。下面以常见的柱形图表为例，详细介绍图表的组成部分。图4-51所示为已经创建好的柱形图，其中涉及的元素包括图表区、图表标题、图例、绘图图区等，各组成部分的作用介绍如下。

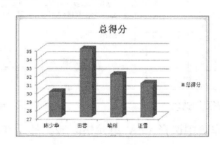

图4-51　柱形图表的组成

- **图表区**：图表区是指整个图表对象，将鼠标指针定位至图表边框或紧邻图表边框的空白区域，然后单击鼠标即可选择整个图表。
- **绘图区**：绘图区是图表的核心组成部分，其中包括需进行显示和分析的图形化数据，即数据系列、数据标签、坐标轴等。
- **图表标题**：图表标题即指图表名称，可以根据需要修改标题内容，也可以调整标题显示位置或隐藏标题。
- **图例**：图例指绘图区中每一组数据系列所对应的数据对象。一般来说，当绘图区中只有一组数据系列时，可将该元素隐藏；当存在多组数据系列时，则建议将图例显示在图表区中。
- **坐标轴**：Excel中只有少数类型的图表没有坐标轴，如饼图。坐标轴分为系列轴和数值轴两种，其作用在于辅助表现数据系列要传达的数据信息。
- **数据系列**：数据系列中每一种图形对应一组表格数据，并以相同的颜色或图案显示。通过数据系列可以直观地查看对应数据的变化情况。
- **数据标签**：数据标签的主要作用是将具体数值显示在对应的数据系列上面，以便用户更加详细的了解数据信息。

三、任务实施

1．创建柱形图分析考核成绩

下面在【插入】/【图表】组中选择相应的图表类型来创建图表，其具体操作如下。（ 📀拓展微课：光盘\微课视频\项目四\创建成绩分析图表.swf）

STEP 1 打开素材文件，在"Sheet1"工作表中选择任意一个含数据的单元格，然后在【插入】/【图表】组中单击"柱形图"按钮📊。

STEP 2 在弹出的下拉列表中选择"三维簇状柱形图"选项，如图4-52所示。

STEP 3 此时在文档中创建了柱形图，在【图表工具】/【设计】/【数据】组中单击"选择数据"按钮📊，打开"选择数据源"对话框，单击"图表数据区域"右侧的"收缩"按钮📊，如图4-53所示。

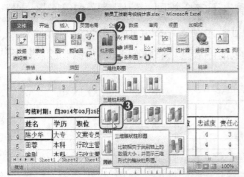

图4-52 选择"三维簇状柱形图"选项　　　　图4-53 单击"收缩"按钮

STEP 4 拖曳鼠标在工作表中选择A3:A7单元格区域，然后在按住【Ctrl】键的同时继续选择O3:O7单元格区域，最后单击收缩对话框中的"展开"按钮📊，如图4-54所示。

STEP 5 返回"选择数据源"对话框，确认所选数据区域无误后单击 确定 按钮，效果如图4-55所示。

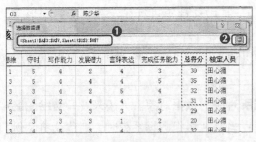　　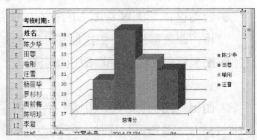

图4-54 设置数据区域　　　　　　　图4-55 图表效果

2．编辑柱形图

在表格中插入图表后，默认的位置、大小、格式等往往不能达到预期效果，此时还需要进一步编辑图表，其具体操作如下。（ 📀拓展微课：光盘\微课视频\项目四\添加和删除数据.swf、添加图表标题并进行格式设置.swf）

STEP 1 单击图表区选择插入的柱形图，将鼠标指针移至右下角的控制点上并按住鼠标左键不放向左上角拖曳鼠标，将图表尺寸适当放大后再释放鼠标，如图4-56所示。

STEP 2 将鼠标指针移至图表区的空白区域，然后按住鼠标左键不放并拖曳鼠标，适当调整图表显示位置，如图4-57所示。

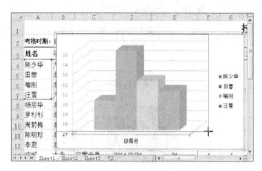

图4-56 调整图表尺寸

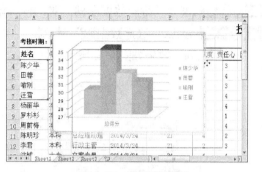

图4-57 调整图表位置

多学一招

将鼠标指针定位到图表左右两条边中间的控制点上进行拖曳时，可适当调整图表的宽度；将鼠标指针定位至上下两条边中间的控制点上进行拖曳时，可适当调整图表的高度。

STEP 3 在【图表工具】/【设计】/【图表布局】组中单击"快速布局"按钮，在弹出的下拉列表中选择快速样式"布局1"，如图4-58所示。

STEP 4 在图表中添加了图表标题，将光标插入点定位到图表标题中，按【BackSpace】键删除其中默认的文本，然后输入"技能考核成绩"，如图4-59所示。

图4-58 选择"布局1"选项

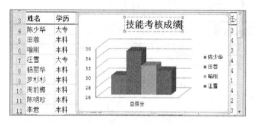

图4-59 输入图表标题

STEP 5 在【图表工具】/【设计】/【数据】组中单击"选择数据"按钮，打开"选择数据源"对话框。在"图例项"栏中单击"添加"按钮，如图4-60所示。

STEP 6 打开"编辑数据系列"对话框，单击"系列名称"右侧的"收缩"按钮收缩对话框，然后单击A29单元格，再单击对话框中的"展开"按钮，如图4-61所示。

图4-60 单击"添加"按钮

图4-61 添加系列数据

STEP 7 返回"编辑数据系列"对话框，单击"系列值"右侧的"收缩"按钮 收缩对话框，然后单击O29单元格，再单击对话框中的"展开"按钮 。

STEP 8 展开"编辑数据系列"对话框，单击 确定 按钮，如图4-62所示。

STEP 9 返回"选择数据源"对话框，单击 确定 按钮，在原有的柱形图中自动添加了一个数据系列，效果如图4-63所示。

图4-62 设置"系列值"数据

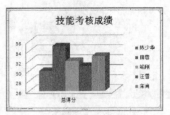

图4-63 添加数据后的柱形图

3. 利用饼图分析考核情况

由于考核得分情况都比较接近，无法简单地从数据信息比较员工的技能，此时，可借助Excel提供的饼图进行分析，其具体操作如下。（ 拓展微课：光盘\微课视频\项目四\更改图表类型.swf）

STEP 1 在"Sheet1"工作表中利用【Ctrl】键，同时选择不相邻的6个单元格区域，即A3:C3、A5:C5、F3:I3、F5:I5、N3、N5。

STEP 2 在【插入】/【图表】组中单击 饼图 按钮，在弹出的下拉列表中选择"分离型饼图"选项，如图4-64所示。

STEP 3 此时表格中将插入一个分离饼图，调整其大小和位置，效果如图4-65所示。

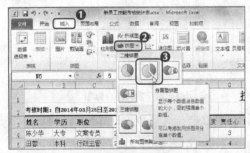

图4-64 选择要插入的图表类型

图4-65 创建的饼图

4. 美化分离饼图

为了让插入的图表美观、漂亮，并且能够更加清晰地反映表格中的数据信息，下面将对分离饼图进行美化，其具体操作如下。（ 拓展微课：光盘/微课视频/项目四/应用图表样式和形状样式.swf）

STEP 1 在饼图的图表区上单击鼠标右键，在弹出的快捷菜单中选择"设置图表区域格式"命令，如图4-66所示。

STEP 2 打开"设置图表区格式"对话框，在"填充"选项卡右侧的面板中单击选中"纯色填充"单选项，单击"颜色"按钮 ，在弹出的列表中选择"茶色，背景2"选项，然后单击 关闭 按钮，如图4-67所示。

图4-66　选择"设置图表区域格式"命令

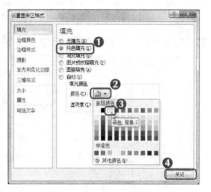

图4-67　设置图表背景

STEP 3　在图例上双击，打开"设置图例格式"对话框，在"图例选项"选项卡右侧的面板中单击选中"底部"单选项，然后单击 关闭 按钮，如图4-68所示。

STEP 4　保持图例被选中，在【开始】/【字体】组中将图例的字体大小设置为9，效果如图4-69所示。

图4-68　设置图例位置

图4-69　更改图例字体大小

多学一招

将鼠标指针定位至图表中的任意一个组成部分上，然后双击鼠标，即可快速打开对应的图表格式对话框。例如，在图表标题上双击鼠标，即可打开"设置图表标题格式"对话框。

实训一　查询"人才储备表"表格

【实训目标】

在招聘之前，需要查询人才储备表，以了解公司的用人需要，从而拟定符合公司发展的招聘计划，并对一些有发展性的员工进行提拔。

完成本实训需要熟练掌握记录单的使用，数据的筛选和排序方法，熟悉对表格分类汇总的方法。本实训完成后的最终效果如图4-70所示。

素材所在位置　光盘:\素材文件\项目四\人才储备表.xlsx

效果所在位置　光盘:\效果文件\项目四\人才储备表.xlsx

	姓名	年龄	最高学历	近2年考级情况	现职	发展性	可升调职位	备注
3	梦雪	26	大学本科	优	会计助理	有	初级会计人员	\
4	周莉	28	研究生	优	项目主管	有	项目经理	\
5	宋芝	23	硕士	优	人事主管	有	人事部经理	\
6	金亮	33	大学本科	优	销售专员	有	\	\
7	宋平	28	大学本科	优	初级工程人员	有	工程师	\
8	李帆	32	大学本科	优	销售专员	有	\	\
9	审华	26	硕士	优	初级工程人员	有	工程师	\
10				优 最大值		0		
11	罗笑笑	29	研究生	良	初级工程人员	继续考查	\	展开培训工作
12	杨艳	22	硕士	良	人事主管	继续考查	\	展开培训工作
13	王藝叶	26	硕士	良	人事主管	继续考查	\	展开培训工作
14	渚如发	28	研究生	良	人事主管	继续考查	\	展开培训工作
15				良 最大值		0		
16	张杉	25	研究生	差	项目主管	无	\	

图4-70　"人才储备表"最终效果

【专业背景】

制作人才储备表，可帮助人力资源部门对公司内部有潜能的人进行统计、分类，从而为公司储备各种类型的人才。企业可通过人才储备表的情况，从层次、数量、结构上对人才进行优化设计，实行针对性的人才库存与培养，从而保证企业人才能够满足企业长远发展目标需求的人力资源策略。

【实训思路】

完成本实训需要先对"近2年考级情况"进行降序排列，然后再通过在"分类汇总"对话框中设置分类汇总，最后得出分类汇总结果。其操作思路如图4-71所示。

①进行排序　　②设置分类汇总　　③分类汇总结果

图4-71　查询"人才储备表"的思路

【步骤提示】

STEP 1 利用数据清单添加名为"吴建国"的人员记录。

STEP 2 选中D2单元格，在【数据】/【排序和筛选】组中单击"降序"按钮。

STEP 3 在【数据】/【分级显示】组中单击分类汇总按钮，打开"分类汇总"对话框，在"分类字段"下拉列表中选择"近2年考级情况"，在"汇总方式"下拉列表中选择"最大值"选项，在"选定汇总项"列表中单击选中"发展性"复选框，单击确定按钮。

实训二 分析"应聘人员统计表"表格

【实训目标】

招聘工作完成后，老张安排小白对初试合格的应聘人员进行统计汇总，然后再将统计结果转交给人力资源部门的相关人员进行决策。

要完成本实训，需要运用数据的筛选、分类汇总、插入图表等知识进行制作。本实训完成后的最终效果如图4-72所示。

素材所在位置 光盘:\素材文件\项目四\应聘人员统计表.xls

效果所在位置 光盘:\效果文件\项目四\应聘人员统计表.xls

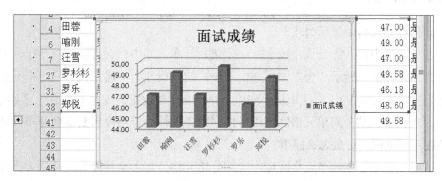

图4-72 "应聘人员统计表"最终效果

【专业背景】

统计表是用于显示统计数据的基本工具，一般由表头、行标题、列标题、数字信息4部分组成。统计表的作用在于科学合理地显示统计资料，然后将统计数据之间的变化规律显著地表示出来，便于人们用来分析和研究问题。统计表的形式繁简不一，按作用不同，可将其分为统计调查表、汇总表、分析表，本实训便属于分析表。

【实训思路】

完成本实训应依次对表格数据进行分类汇总、简单筛选、创建图表操作，然后对插入的图表进行美化修改和调整。其操作思路如图4-73所示。

①分类汇总数据　　　　②筛选复试人员　　　　③插入图表

图4-73 分析"应聘人员统计表"的思路

【步骤提示】

STEP 1 选择"Sheet1"工作表中包含数据的任意一个单元格，然后打开"分类汇总"对话框，设置汇总参数"初试人员、最大值、面试成绩"，最后单击 确定 按钮。

STEP 2 选择K2单元格，在【数据】/【排序和筛选】组中单击"筛选"按钮 ▼，单击K2单元格右下角的 ▼ 按钮，在弹出的下拉列表中单击选中"是"复选框，单击 确定 按钮。

STEP 3 选择筛选后的D2:D38和J2:J38单元格区域，在【插入】/【图表】组中单击"柱形图"按钮 ，选择"三维簇状柱形图"选项。

STEP 4 然后打开"设置图表区域格式"对话框，为图表设置纯色背景，颜色为"茶色，背景2"。

常见疑难解析

问：如何在单元格中显示公式？

答：在单元格中输入完公式并按【Enter】键后，单元格中只会显示计算结果，而公式则只在编辑栏的输入框中显示。为方便用户检查公式的正确性，可通过设置显示单元格中的公式。方法为：在【公式】/【公式审核】组中单击 显示公式 按钮，或按【Ctrl+·】组合键。

问：对表格中的某一列单元格区域进行排序时，为什么总是弹出要求合并单元格具有相同大小的提示对话框，这是怎么回事？

答：这是因为要排序的单元格区域中的部分单元格进行了合并设置。选择要排序的单元格区域后，在【开始】/【对齐方式】组中单击"合并后居中"按钮 ，取消单元格的合并操作，然后再按照前面介绍的排序方法进行设置即可。

拓展知识

1．数据的高级筛选

如果数据清单中的字段较多，同时要求筛选的条件也较多时，就可以利用Excel提供的高级筛选功能来筛选出同时满足两个或两个以上约束条件的记录。具体操作方法为：首先在工作表的空白区域输入筛选条件，然后打开"高级筛选"对话框，在其中设置列表区域和条件区域后，单击 确定 按钮，即可查看筛选结果。

知识提示

在单元格区域中输入筛选条件时，要注意区分筛选条件之间的关系，如果是"或"的关系，则应该在条件区中将约束条件进行上下错开输入，即输入在不同行中；如果输入到同一行，则表示"与"的关系，如图4-74所示。

图4-74　输入位置的关系

2．清除分类汇总

进行分类汇总之后如果需要清除分类汇总，且不影响表格中的数据记录，其操作方法为：打开要清除分类汇总的表格，然后在【数据】/【分级显示】组中单击 分类汇总 按钮，打开"分类汇总"对话框，单击其中的 全部删除(R) 按钮即可清除分类汇总。

课后练习

素材所在位置 光盘:\素材文件\项目四\试用考核表.xlsx、试用员工奖金评测表.xlsx
效果所在位置 光盘:\效果文件\项目四\试用考核表.xlsx、试用员工奖金评测表.xlsx

（1）利用Excel的数据管理功能，分析表格"试用考核表"，完成后的最终效果如图4-75所示，相关要求及操作提示如下。

● 选择I3单元格，在【公式】/【函数库】组中单击 Σ 自动求和 按钮，快速计算考核总分。
● 将计算结果复制到I4:I22单元格区域。
● 利用IF函数输入考核意见，考核标准为"考核总分大于或等于75分时录用，否则就辞退"。
● 对I3:I22单元格区域中的数据进行降序排列。
● 利用折线图表对前5名试用员工的工作能力进行比较，并对图表区、绘图区、图表标题等进行美化和编辑。

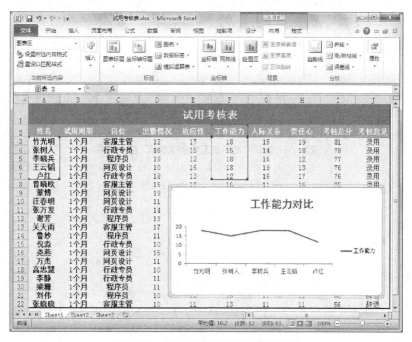

图4-75 分析"试用考核表"最终效果

（2）利用Excel的数据管理功能，统计表格"试用员工奖金评定表"，完成后的最终效果如图4-76所示，相关要求及操作提示如下。

● 选择"本月销售额"所在列的任意单元格，然后在【数据】/【排序和筛选】组中单击"降序"按钮。

● 选择D3单元格，在编辑栏中输入公式"=C3*$D$30"，然后按【Enter】键即可计算"李益华"的当月基本业绩奖金，最后将计算结果复制到D4单元格。

● 按照相同的操作思路，继续利用公式计算D5:D27单元格区域中的基本业绩奖金，在引用奖金比例时要绝对引用C30单元格。

● 选择G3单元格，打开"插入函数"对话框，在"逻辑"函数类别中选择"IF"函数，然后在打开的"函数参数"对话框中分别设置逻辑值、真值、假值"=IF(F3>30000,5000,0)"，最后依次单击 确定 按钮完成计算。

图4-76 统计"试用员工奖金评测表"最终效果

PART 5

项目五 员工培训

情景导入

公司的发展应伴随着员工的成长，因此需要定期对员工进行培训，以开拓员工技能。前段时间完成了招聘工作，近期公司对员工进行了动员，老张让小白负责此次员工进修培训工作，好让她熟悉员工培训的流程。

知识技能目标

- 熟练掌握流程图标的绘制和设置方法。
- 熟练掌握数据透视表和数据透视图的使用方法。
- 熟练掌握嵌套函数和查询函数的使用方法。

- 了解一般公司员工岗前培训的具体实施流程。
- 掌握"员工进修安排表"、"进修考评表"、"进修考核成绩表"等表格的制作。

项目流程对应图

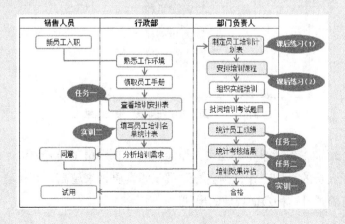

任务一 制作"员工进修安排表"表格

员工进修培训是指企业为开展业务和培育人才的需要，采用各种方式对员工进行有目的、有计划的培养和训练管理活动。培训过程一般比较烦琐，因此，通常会使用代表信息流的图形来简化说明整个培训过程。

一、任务目标

小白对流程图的制作不太熟悉，老张告诉小白，主要利用箭头、连接符、流程图这3种不同类型的自选图形来制作，除此之外，还需要插入艺术字和文本来达到美化和补充说明的作用。本任务完成后的最终效果如图5-1所示。

 效果所在位置　光盘:\效果文件\项目五\员工进修安排表.xlsx

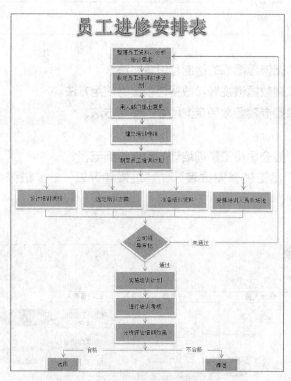

图5-1　"员工进修安排表"最终效果

 培训工作适合整个公司，如果只对中基层员工展开培训，而忽视对高层管理人员的培训工作，则会导致员工的素质越来越高，而管理者却没有得到应有的提升这种负面现象的出现。

二、相关知识

使用形状制作流程图的操作比较简单，只需绘制并设置其格式即可。下面将介绍不同图形所代表的含义。除此之外，为了满足实际的打印需求，还将介绍页面设置的相关参数。

1．常用流程图代表的含义

流程图是对某一问题的定义、分析或执行的图示方法。Excel提供了20多种不同样式的流程图中，下面通过表5-1分别说明常用流程图的含义。

表5-1　常用流程图含义

流程图	含义
⬭	"终止"标志，表示一个过程的起始和结束
☐	"过程"标志，表示在过程中的一个单独步骤
▱	"数据"标志，表示一个算法输入或输出信息
◇	"决策"标志，对一个条件进行判断抉择，可以有多种结果，但一般情况下只有两个
⛁	"磁盘"标志，表示储存信息的步骤

2．页面设置参数简介

对表格进行页面设置后，可以使表格数据的布局更加合理。尤其是进行打印时，精确的页面设置效果，会大大节省打印纸张。页面设置主要内容包括页面整体设置和页边距设置两个方面，设置方法为：制作好工作表后，在【页面布局】/【页面设置】组中对"页面"和"页边距"进行相应的设置，也可单击右下角的"对话框启动器"按钮 ⬚ ，打开"页面设置"对话框，在其中进行相应的页面设置。关于"页面"选项卡和"页边距"选项卡介绍如下。

● "页面"选项卡：在该选项卡中可以设置打印纸张的方向、缩放比例、纸张大小、打印质量以及起始页码等内容。

● "页边距"选项卡：在该选项卡中可以调整表格中的对象与纸张边界的距离。若单击选中"水平"复选框，则可使表格整体沿水平方向居中显示；若单击选中"垂直"复选框，则可使表格整体沿垂直方向居中显示。

三、任务实施

1．利用艺术字创建标题

为了使表格标题更加醒目，可先利用艺术字来创建表格标题，其具体操作如下。

（🎬拓展微课：光盘\微课视频\项目五\添加并设置艺术字效果.swf）

STEP 1 启动Excel 2010，默认新建的"工作簿1"，在【视图】/【显示】组中，撤销选中"网格线"复选框，如图5-2所示。

STEP 2 在【插入】/【文本】组中单击 艺术字 按钮，在弹出的下拉列表中选择一种艺术字样式，这里选择"填充-红色，强调文字颜色2，粗糙棱台"，如图5-3所示。

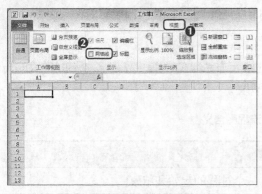

图5-2 取消工作表网格线

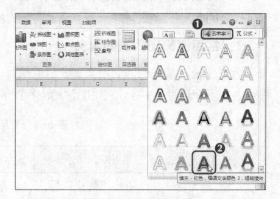

图5-3 选择艺术字样式

STEP 3 此时在界面中出现艺术字文本框，且文本框内的文本呈可编辑状态，直接输入文本"员工进修安排表"，如图5-4所示。

STEP 4 选中输入的文本，在【开始】/【字体】组中将文本字号设置为36，单击空白处退出文本选中状态，如图5-5所示。

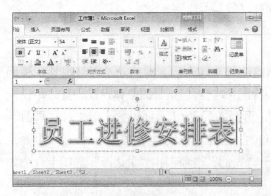

图5-4 输入艺术字

图5-5 编辑艺术字文字

2．绘制并编辑流程图

下面将利用Excel提供的"流程图"自选图形来制作"进修安排表"的整体框架效果，其具体操作如下。（拓展微课：光盘\微课视频\项目五\绘制形状.swf）

STEP 1 调整艺术字位置，在【插入】/【插图】组中单击"形状"按钮，在弹出的下拉列表中选择"流程图：过程"选项，如图5-6所示。

STEP 2 将鼠标指针定位至标题文本下方，然后单击鼠标插入一个固定大小的流程图，如图5-7所示。

STEP 3 在【绘图】/【格式】/【大小】组中，将插入图形的高度设置为"1.3厘米"、宽度设置为"4.15厘米"，在"形状样式"组中，为图像选择"浅色1轮廓，彩色填充-橄榄色，强调颜色3"样式，如图5-8所示。

图5-6　选择要插入的流程图

图5-7　插入固定大小的流程图

STEP 4　在插入的流程图上单击鼠标右键，在弹出的快捷菜单中选择"编辑文字"命令，如图5-9所示。

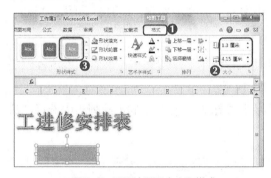

图5-8　设置流程图大小和样式

图5-9　选择"编辑文字"命令

STEP 5　此时，插入流程图中将自动显示文本插入点，在其中输入所需文本内容，然后按【Esc】键确认输入。

STEP 6　图形中的文本为白色，保持图形被选中，在【绘图工具】/【格式】/【艺术字样式】组中单击"文本填充"按钮▲，将图形中的文本颜色更改为默认的黑色，如图5-10所示。

STEP 7　在【开始】/【对齐方式】组中单击"居中"按钮≡和"垂直居中"按钮≡，使文字居中对齐，如图5-11所示。

图5-10　输入文本并更改文本颜色

图5-11　居中文本

STEP 8 选择编辑好的流程图，按【Ctrl+C】组合键进行复制，然后再按【Ctrl+V】组合键进行粘贴，复制8个与所选流程图相同的图形，效果如图5-12所示。

STEP 9 单击复制后的流程图，拖曳鼠标选择要修改的文本，重新输入所需文字内容，如图5-13所示。

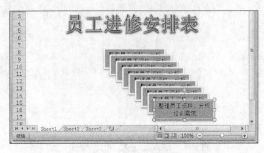

图5-12　复制流程图

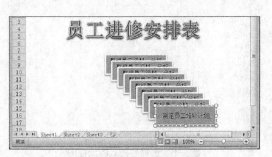

图5-13　更改流程图文字

多学一招

选中"设置自选图形格式"对话框的"对齐"选项卡中的"自动调整大小"复选框后，在插入的自选图形中输入所需文本内容，此时，该图形将随文本内容的变化而自动调整其大小。

STEP 10 按照相同的操作方法，继续修改其他流程图中显示的文字，最后拖曳流程图的边框调整各个流程图的显示位置，最终效果如图5-14所示。

STEP 11 在【插入】/【插图】组中单击"形状"按钮 ，在弹出的下拉列表中选择"流程图：决策"选项，如图5-15所示。

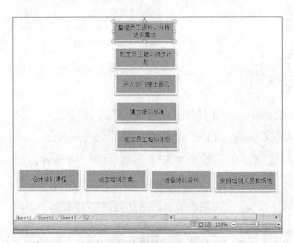

图5-14　调整流程图位置

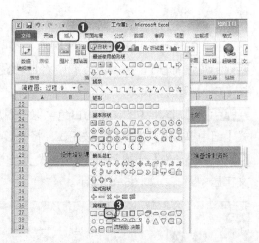

图5-15　选择"决策"流程图

STEP 12 单击鼠标插入固定大小的"决策"流程图，在【绘图工具】/【格式】/【大小】组中，将图形高度设置为"2.57厘米"、宽度设置为"3.39厘米"，其样式与"过程"流程图相同，如图5-16所示。

STEP 13 在该图形上单击鼠标右键，在弹出的快捷菜单中选择"编辑文字"命令，在文本插入点处输入文本"公司领导审批"，按【Esc】键确认输入。

STEP 14 在【绘图工具】/【格式】/【艺术字样式】组中单击"文本填充"按钮▲，将图形中的文本颜色更改为默认的黑色，效果如图5-17所示。

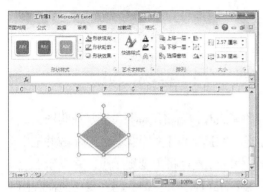 

图5-16 调整流程图大小和样式

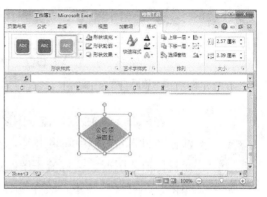

图5-17 输入并设置文本

STEP 15 再次利用【Ctrl+C】和【Ctrl+V】组合键，复制5个"过程"流程图，然后在其中输入所需文本，最后调整流程图的大小和显示位置，效果如图5-18所示。

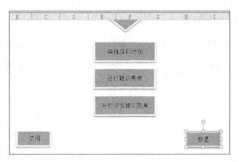

图5-18 复制并修改流程图

 选择绘制的自选图形，在【绘图工具】/【格式】/【插入形状】组中单击 编辑形状 ▾ 按钮，在打开的列表中选择"更改形状"命令，在其子菜单中选择所需流程图形状后，即可快速更改所选流程图的形状。

知识提示

3．使用箭头和连接符连接图形

绘制的流程图都是单独存在的，还需要使用各种线条或连接符将其串连起来，梳理顺序，形成完整的流程。下面使用箭头、直线、肘形箭头连接符3种图形来连接插入的流程图，其具体操作如下。

STEP 1 在【插入】/【插图】组中单击"形状"按钮 ，在弹出的下拉列表中选择"箭头"选项，如图5-19所示。

STEP 2 此时，鼠标指针将变为+形状，将其移至第1个流程图下边框的中间位置，按住鼠标左键不放并向下拖曳鼠标，至下一个流程图的中间位置，然后释放鼠标，绘制箭头符号，效果如图5-20所示。

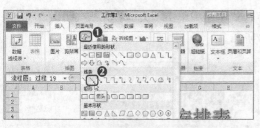

图5-19　选择"箭头"图形

图5-20　绘制箭头

知识提示　在Excel 2010中绘制流程图之间的箭头时，当将鼠标指针移至流程图上，流程图四周的边框中间将出现提示点▣，在提示点上按住鼠标左键不放并拖曳至目标流程图时，目标流程图的边框中间位置也将出现提示点，在提示点上单击，即可将箭头指向该流程图。且移动流程图时，箭头将一直指向流程图中间点的位置，用户可根据箭头是否垂直或水平来判断流程图是否对齐。

STEP 3　移动箭头指向的流程图，使绘制的箭头垂直。选择绘制的箭头图形，同时按住【Ctrl】组合键，当鼠标指针变为⬚形状时，按住鼠标左键不放并沿垂直方向拖曳鼠标，复制一个相同的箭头，效果如图5-21所示。

STEP 4　按照相同的操作方法，继续复制3个箭头，然后在【绘图工具】/【格式】/【插入形状】组的列表中选择"直线"选项，在表格中按住【Shift】键的同时绘制一条直线，效果如图5-22所示。

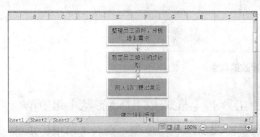

图5-21　利用快捷键复制箭头

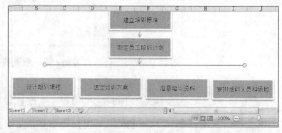

图5-22　绘制直线

STEP 5　根据前面介绍的绘制方法，继续在工作表中绘制所需的直线和箭头，然后调整所绘图形的位置，效果如图5-23所示。

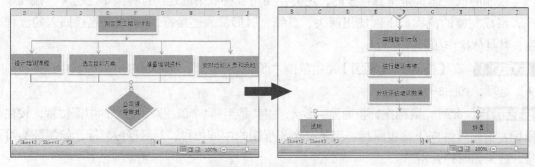

图5-23　绘制直线和箭头

STEP 6 在【插入】/【插图】组中单击"形状"按钮 ，在弹出的下拉列表中选择"肘形箭头连接符"选项，如图5-24所示。

STEP 7 将鼠标指针定位至"决策"流程图右侧顶点上，按住鼠标左键不放并拖曳鼠标绘制一条如图5-25所示的连接符。

图5-24 选择肘形箭头连接符

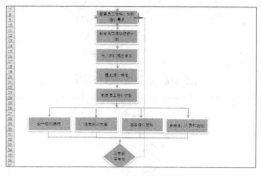

图5-25 绘制连接符

STEP 8 在绘制的肘形箭头连接符中间的黄色菱形调整点上按住鼠标左键不放并向右拖曳，调整连接符位置，如图5-26所示。

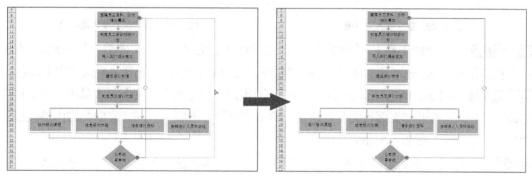

图5-26 调节肘形箭头连接符位置

4.插入文本框后打印流程图

下面将利用文本框对流程图中的分支结构进行补充说明，然后再使用A4纸将制作好的员工培训进修安排表打印出来，方便传阅，其具体操作如下。（ 拓展微课：光盘\微课视频\项目五\设置文本框.swf）

STEP 1 在【插入】/【文本】组中单击"文本框"按钮 ，在弹出的下拉列表中选择"横排文本框"选项，如图5-27所示。

STEP 2 在"决策"流程图下方绘制文本框，并在文本插入点处输入"通过"，如图5-28所示。

STEP 3 按【Esc】键确认输入，然后按照相同的操作方法，添加3个文本框并输入相应文字内容，如图5-29所示。

STEP 4 按住【Shift】键的同时依次单击插入的4个文本框，然后在【绘图工具】/【格式】/【形状样式】组中单击 形状轮廓 按钮，在弹出的下拉列表中选择"无轮廓"选项，如

图5-30所示。

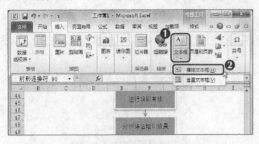

图5-27　选择插入文本框命令

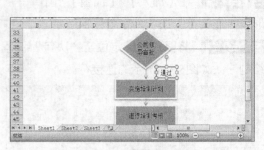

图5-28　插入文本框

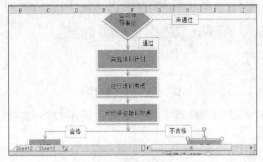

图5-29　继续插入文本框

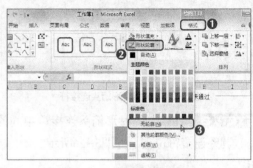

图5-30　设置文本框轮廓颜色

STEP 5 在【绘图工具】/【格式】/【艺术字样式】组中单击"文本填充"按钮 A 右侧的下拉按钮 ，在弹出的下拉列表中选择"红色，强调文字颜色2"选项，更改文字的颜色。

STEP 6 按【Esc】键退出选择状态，在【页面布局】/【页面设置】组中单击"对话框启动器"按钮 ，打开"页面设置"对话框，单击"页面"选项卡，在"方向"栏中单击选中"横向"单选项，如图5-31所示。

STEP 7 单击"页边距"选项卡，在"上"、"下"数值框中输入"0"，单击选中"居中方式"栏中的"水平"复选框，单击 打印(P)... 按钮，如图5-32所示。

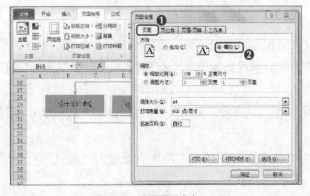

图5-31　设置页面方向

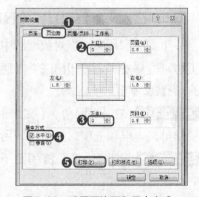

图5-32　设置页边距和居中方式

任务二　汇总"进修考核表"表格

员工进修之后的考评表是对员工的培训情况、员工自身的专业技能、员工个人素质等内容进行培训考核后的成绩汇总，对于员工自身的发展有重要意义。其考评项目一般包括业务知识熟悉程度、团队协作能力，以及沟通和协调能力等。

一、 任务目标

员工进修培训已经完成，老张安排小白将所有考核表格制作成电子表格，方便汇总和分析。要完成该任务，需要掌握数据透视表和数据透视图表创建与编辑的知识。本任务完成后的最终效果如图5-33所示。

 效果所在位置 光盘:\效果文件\项目五\进修考核表.xlsx

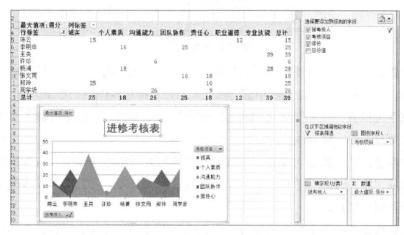

图5-33 "进修考核表"最终效果

二、 相关知识

本任务主要通过数据透视表和数据透视图来汇总和分析数据，因此，在制作表格之前，将介绍数据透视表和数据透图的含义。

1. 认识数据透视表

数据透视表是一种交互式报表，它可以对大量数据进行合并和比较，并创建交叉列表，从而实现清晰反映表格数据。通过数据透视表不仅能方便地查看工作表中的数据信息，而且还便于对数据进行分析和处理。

在工作表中创建数据透视表的方法为：在【插入】/【表格】组中单击"数据透视表"按钮🔲，打开"创建数据透视表"对话框，选择创建透视表的单元格区域，然后单击 确定 按钮，创建数据透视表，并在工作界面右侧出现相应的透视表窗格。

2. 认识数据透视图

数据透视图是以图表的形式表示数据透视表中的数据，它可以像数据透视表一样选择需要的数据进行显示。数据透视图的创建方法为：在【插入】/【表格】组中单击"数据透视表"按钮 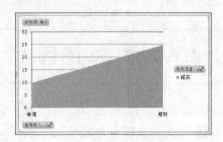 下方的下拉按钮 ▼，在弹出的下拉列表中选择"数据透视图"选项，打开"创建数据透视表及数据透视图"对话框，选择创建透视图的单元格区域，然后单击 确定 按钮。

成功创建数据透视图后，可以将自动显示的"数据透视表字段列表"窗格中的字段添加到相应的列表框中，此时将同时在数据透视表和数据透视图中显示相应数据，如图5-34所示。下面将简单介绍数据透视图的常用操作方法。

图5-34　数据透视图

● **筛选数据**：数据透视图中会显示与添加字段名称相同的"筛选"按钮 ，单击该按钮后，可在弹出的下拉列表中筛选需要显示在数据透视图中的数据。

● **调整字段位置**：在"数据透视表字段列表"窗格中拖动字段名称到不同的区域中，即可更改字段的显示位置。

● **设置字段**：在"数据透视表字段列表"窗格的区域中单击字段，在弹出的下拉列表中选择"字段设置"选项，打开"字段设置"对话框，在其中可以修改字段名称和选择数据汇总方式。

● **设置图表选项**：在【数据透视图工具】/【布局】选项卡中，可选择相应选项，对图表标题、网格线、坐标轴、数据标签、图例等参数进行详细设置。

三、任务实施

1．输入考评数据

小白首先需要输入考核成绩，是为了方便汇总和分析。下面利用Excel输入考评数据，将其制作为电子表格，其具体操作如下。

STEP 1 启动Excel 2010，在默认工作表中输入相应的标题和表头，并对表格进行美化，效果如图5-35所示。

STEP 2 根据实际考评结果，在表格中对应项目下输入数据内容，如图5-36所示。

图5-35　创建考评表框架　　　　　　　　图5-36　输入数据

STEP 3　单击快速选择工具栏中的"保存"按钮 ![save]，在打开的"另存为"对话框中将表格以"进修考核表"为名进行保存。

2．使用数据透视表汇总数据

下面使用数据透视表对表格中的数据进行汇总，并对表格进行美化，其具体操作如下。

（ ![icon] 拓展微课：光盘\微课视频\项目五\在现有工作表中创建透视表.swf）

STEP 1　选择I3单元格，将其作为存放数据透视表的起始单元格。在【插入】/【表格】组中单击"数据透视表"按钮 ![icon]，打开"创建数据透视表"对话框，单击"表/区域"文本框右侧的"收缩"按钮 ![icon]，如图5-37所示。

STEP 2　选择工作表中B2:E23单元格区域，然后单击"展开"按钮 ![icon]，如图5-38所示，返回"创建数据透视表"对话框，单击 确定 按钮。

图5-37　打开"创建数据透视表"对话框　　　　　　图5-38　选择数据区域

STEP 3　创建数据透视表，同时打开"数据透视表字段列表"窗格。在该窗格中，将"选择要添加到报表的字段"列表中的"被考核人"字段拖曳到"行标签"区域中，将"考核项目"字段拖动到"列标签"区域中，将"得分"字段拖动到"数值"区域中，如图5-39所示。

STEP 4　在"数值"区域的"求和项：得分"字段上单击，在弹出的下拉列表中选择"值字段设置"命令，如图5-40所示。

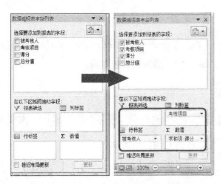

图5-39　将字段拖动到相应的标签中

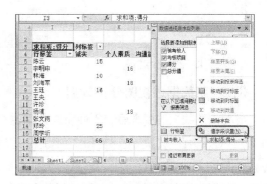

图5-40　选择"值字段设置"命令

STEP 5　打开"值字段设置"对话框，设置值汇总方式为"最大值"，单击 确定 按钮，如图5-41所示。

STEP 6 此时，数据透视表中的汇总字段将自动变为"最大值项：得分"，如图5-42所示。

图5-41　更改值字段

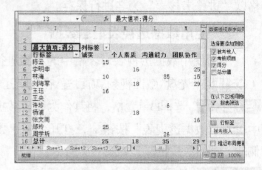

图5-42　更改效果

多学一招

在数据透视表中选择汇总字段后，在【数据透视表工具】/【选项】/【活动字段】组中单击 ░字段设置 按钮，也可以打开"值字段设置"对话框。单击其中的 数字格式(N) 按钮，可在打开对话框中设置汇总项的数字格式。

STEP 7 在数据透视表中，单击行标签右侧的下拉按钮 ▽ ，在弹出的列表中取消选中"林海"、"刘海军"、"王钰"复选框，然后单击 确定 按钮，效果如图5-43所示。

STEP 8 此时，数据透视表只显示选定复选框所对应的数据，并显示最大值，如图5-44所示。

图5-43　选择被考核人

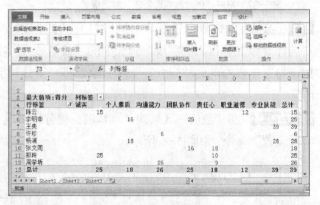

图5-44　数据透视表效果

3．利用数据透视图分析数据

成功创建数据透视表后，下面将在数据透视表的基础之上创建数据透视图，其具体操作如下。（ 拓展微课：光盘\微课视频\项目五\在现有工作表中创建透视图.swf）

STEP 1 选择数据透视表的任意一个单元格，在【数据透视表】/【插入】/【表格】组中单击"数据透视图"按钮 ，打开"插入图表"对话框。

STEP 2 在"柱形图"列表框中，选择"簇状柱形图"选项，单击 确定 按钮，如图5-45所示。

STEP 3 此时，在表格中自动创建数据透视图，如图5-46所示。

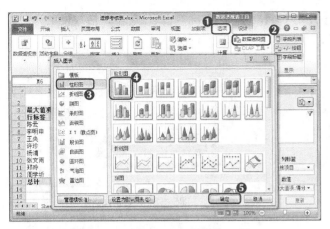

图5-45 根据数据透视表创建数据透视图

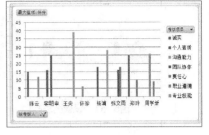

图5-46 数据透视图

STEP 4 在图表区中单击鼠标右键，在弹出的快捷菜单中选择"更改图表类型"命令，如图5-47所示。

STEP 5 打开"更改图表类型"对话框，在"图表类型"列表框中选择"面积图"选项，在右侧的面板中选择"面积图"选项，然后单击 确定 按钮，如图5-48所示。

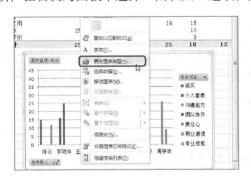

图5-47 选择"更改图表类型"命令

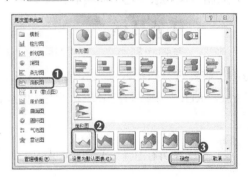

图5-48 选择"面积图"选项

STEP 6 此时，图表类型将自动更改为选择的面积图，如图5-49所示。

STEP 7 在【数据透视图工具】/【布局】/【标签】栏中单击"图表标题"按钮，在弹出的下拉列表中选择"图表上方"选项，如图5-50所示。

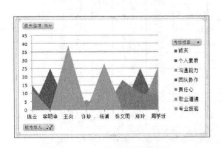

图5-49 选择图表类型

图5-50 选择"图表上方"命令

STEP 8 在图表中出现一个标题文本框，将其中的文本更改为"进修考核表"，如图5-51所示。

STEP 9 选择图表标题，然后在【开始】/【字体】组中，将其中的字体格式设置为"黑体、深红、20"，效果如图5-52所示。

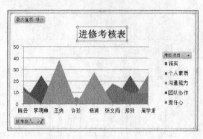

图5-51　设置图表标题

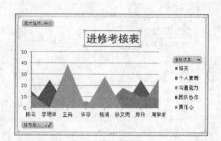

图5-52　设置字体格式

任务三　制作"进修考核成绩表"表格

进修考核成绩表主要用于记录和描述每一位参与培训的员工在规定考核项目中的成绩分布情况。公司人力资源部门在每期培训结束时，都会对培训员工进行考核，并将考核结果制作成表格，以此来评定当期的培训效果。

一、任务目标

今天，老张找到小白，让她将所有参与培训的员工的考核成绩进行汇总。完成该任务除了需要进行数据的录入和表格的美化，最重要的便是利用函数计算和分析数据，其中"VLOOKUP"函数的使用是本任务的重点。本任务完成后的最终效果如图5-53所示。

效果所在位置　光盘:\效果文件\项目五\进修考核成绩表.xlsx

姓名	应聘岗位	所属部门	企业文化培训	技能培训	英语水平	计算机操作	职业素养	总成绩	平均成绩	排名	等级
李广福	市场文案	市场部	58	49	40	51	37	235	47	5	优秀
梁波	市场专员	行政部	36	57	30	41	41	205	41	16	优秀
林志海	市场助理	市场部	42	52	47	47	57	245	49	1	优秀
刘海军	市场专员	行政部	44	39	32	31	42	188	37.6	18	一般
沈晓睿	行政助理	市场部	54	45	48	32	34	213	42.6	10	一般
沈云	市场推广	市场部	59	53	50	42	30	234	46.8	6	优秀
蔡伦	市场专员	市场部	38	36	32	45	59	210	42	13	优秀
蒙文延	行政助理	行政部	45	57	34	41	36	213	42.6	10	优秀
陈良友	行政助理	行政部	57	52	30	57	48	244	48.8	2	优秀
冯滔	市场策划	市场部	43	55	55	32	54	239	47.8	4	一般
黄晓娟	市场专员	市场部	34	49	59	58	33	233	46.6	7	优秀
景明	市场助理	市场部	43	54	34	54	47	232	46.4	8	一般
孙晓丽	市场策划	市场部	36	47	48	30	48	209	41.8	14	一般
王浩然	市场助理	市场部	55	40	31	44	36	206	41.2	15	一般
王央	市场助理	市场部	39	31	51	59	33	213	42.6	10	优秀
熊叶	行政主管	行政部	40	54	56	57	35	242	48.4	3	优秀
徐明	市场推广	市场部	43	31	48	31	36	189	37.8	17	一般
许珍	市场专员	市场部	35	39	59	33	51	217	43.4	9	优秀

图5-53　"进修考核成绩表"最终效果

二、 相关知识

函数是进行成绩评定和汇总不可缺少的工具之一，下面将详细介绍嵌套函数和常见查找函数的使用方法。

1．嵌套函数的用法

嵌套函数是指在某些特定情况下，需要将某个公式或函数的返回值作为另一个函数的参数来使用，这一函数就是嵌套函数。例如，公式"=IF(SUM(E3:I3)>220,"合格","不合格")"，该公式的嵌套函数为SUM，并将求和结果与220相比较。

该公式的含义是：E3:I3单元格区域的和大于220，则在指定单元格中显示"合格"，否则显示"不合格"。

2．常见查找函数介绍

Excel提供了多种查找函数，最常用的查找函数包括VLOOKUP、HLOOKUP、LOOKUP这3种，下面分别介绍其含义。

● **VLOOKUP函数**：作用是按列查找，最终返回该列所需查询列序所对应的值，其语法规则为：VLOOKUP(lookup_value,table_array,col_index_num,range_lookup)。

● **HLOOKUP函数**：作用是按行查找，最终返回该行所需查询行序所对应的值，其语法结构为：HLOOKUP(lookup_value,table_array,row_index_num,range_lookup)。

● **LOOKUP函数**：作用是返回向量或数组中的数值，其中向量形式的语法规则为：=LOOKUP(lookup_value,lookup_vector,result_vector)；数组形式的语法结构为：=LOOKUP(lookup_value,array)。

知识提示

lookup_vector的数值必须按升序排列，否则函数LOOKUP不能返回正确结果。文本不区分大小写。如果LOOKUP函数找不到lookup_value进行搜索的值，则查找lookup_vector中小于或等于lookup_value的最大数值；如果lookup_value小于lookup_vector中的最小值，LOOKUP函数返回错误值"#N/A"。

三、任务实施

1．使用记录单录入数据

下面将利用记录单来录入每一位培训员工的考试成绩，以保证录入数据的正确性，其具体操作如下。（**拓展微课**：光盘\微课视频\项目五\通过记录单创建表格.swf）

STEP 1 启动Excel 2010，在默认工作表的A1:M2单元格区域中输入标题和表头，然后将"Sheet1"工作表重命名为"进修成绩表"，如图5-54所示。

STEP 2 选择A3:A20单元格区域，在【开始】/【数字】组中单击"对话框启动器"按钮，打开"单元格格式"对话框。

STEP 3 在"数字"选项卡的"分类"列表框中选择"自定义"选项，然后在右侧的"类型"文本框中输入"00000"，最后单击 确定 按钮，如图5-55所示。

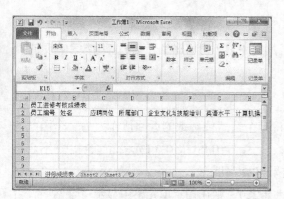

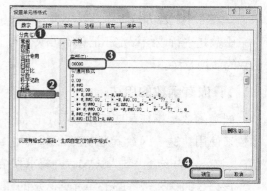

图5-54 输入数据后重命名工作表　　　　　　图5-55 自定义数字类型

STEP 4 在A3单元格输入数字"201"后，拖曳该单元格右下角的"填充柄" ，直至A20单元格后再释放鼠标。

STEP 5 单击A20单元格右下角的"自动填充选项"按钮 ，在弹出的下拉列表中单击选中"填充序列"单选项，此时所选单元格区域将自动填充有规律的数据，如图5-56所示。

STEP 6 在B3:D20单元格区域输入如图5-57所示的数据内容。

图5-56 快速填充有规律的数据　　　　　　图5-57 输入数据

STEP 7 选择当前工作表中包含数据的任意一个单元格，单击添加的"记录单"按钮 ，打开"进修成绩表"对话框，在其中输入考试项目对应的成绩，如图5-58所示，然后单击 下一条(N) 按钮。

STEP 8 按照相同操作思路输入剩余员工的考试成绩，最后单击 关闭(L) 按钮完成录入，效果如图5-59所示。

图5-58 录入第一位员工的成绩　　　　　　图5-59 成绩录入效果

2．美化表格内容

下面将对输入的数据进行美化设置，涉及合并单元格、添加边框以及调整行高等操作，其具体操作如下。（🎬拓展微课：光盘\微课视频\项目五\为表格套用表格样式.swf）

STEP 1 选择A1:M1单元格区域，在【开始】/【对齐方式】组中单击"合并后居中"按钮🔳。

STEP 2 在"样式"组中单击🔲单元格样式▾按钮，在打开的列表中选择"强调文字颜色3"选项，如图5-60所示。

STEP 3 选择A2:M20单元格区域，在"对齐方式"组中单击"居中"按钮▤，如图5-61所示，将所选单元格区域的文本对齐方式设置为"居中"显示。

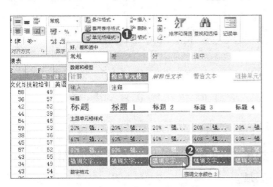

图5-60 选择要应用的样式

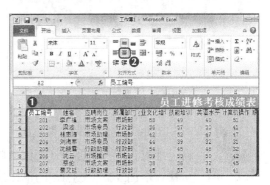

图5-61 设置文本居中对齐

STEP 4 选择A2:M2单元格区域，将其中的文本加粗显示。选择A~M列，在【开始】/【单元格】组中单击🔲格式▾按钮，在弹出的下拉列表中选择"自动调整列宽"选项，如图5-62所示。

STEP 5 在【开始】/【字体】组中单击"边框"按钮▦▾右侧的下拉按钮▾，在弹出的下拉列表中选择"所有框线"选项，如图5-63所示。

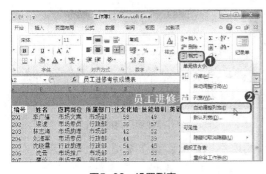

图5-62 设置列宽

图5-63 添加框线

3．按照成绩评估培训结果

完成表格美化操作后，下面将使用函数对培训成绩进行计算，包括求总成绩、平均成绩、排名等，其具体操作如下。（🎬拓展微课：光盘\微课视频\项目五\用RANK. AVG函数进行排位.swf）

STEP 1 选择J3单元格，在【公式】/【函数库】组中单击 Σ 自动求和 按钮，此时，在工作表中的E3:I3单元格区域四周自动添加虚线框，表示该区域数据被SUM函数引用，如图5-64所示。确认无误后按【Enter】键。

STEP 2 选择J4:J20单元格区域，再次单击 Σ 自动求和 按钮，快速计算出所选区域的总成绩，效果如图5-65所示。

图5-64 计算总成绩

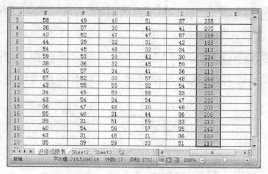

图5-65 快速计算其他总成绩

多学一招

利用公式计算表格数据时，被引用单元格区域的四周会自动显示蓝色边框，此时，若将鼠标指针定位至该边框4个角的控制点上，单击并拖曳鼠标则可快速增加或减少被引用的单元格区域。

STEP 3 选择K3单元格，单击 Σ 自动求和 按钮右侧的下拉按钮▾，在弹出的下拉列表中选择"平均值"选项，如图5-66所示。

STEP 4 将鼠标指针定位至编辑栏中，拖曳鼠标选择文本"J3"后，重新输入文本"I3"，如图5-67所示，然后按【Enter】键显示计算结果。

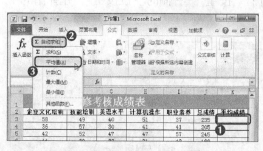

图5-66 选择"平均值"选项

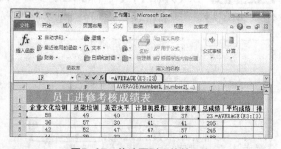

图5-67 修改要引用的单元格

STEP 5 选择K3单元格，单击该单元格右下角的填充柄不放，拖曳至A20单元格后再释放鼠标，复制公式。

STEP 6 选择L3单元格，在"函数库"组中单击"插入函数"按钮 *fx*，打开"插入函数"对话框，在"或选择类别"下拉列表中选择"全部"选项，在"选择函数"列表框中选择"RANK"函数，然后单击 确定 按钮，如图5-68所示。

STEP 7 打开"函数参数"对话框，分别在"Number"和"Ref"文本框中输入"J3"和"J3:J20"，然后单击 确定 按钮，如图5-69所示。

图5-68 选择要插入的函数

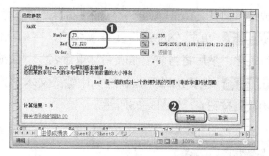
图5-69 输入要引用的单元格和单元格区域

STEP 8 将鼠标指针定位至编辑栏中，单击并拖曳鼠标选择引用的单元格区域，然后按【F4】键，将单元格的相对引用变为绝对引用，如图5-70所示。

STEP 9 将L3单元格中的公式复制至L4:L20单元格区域，效果如图5-71所示。

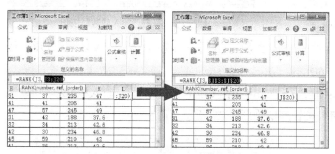
图5-70 更改单元格的引用方式

图5-71 复制公式

STEP 10 选择M3单元格，打开"插入函数"对话框，在"常用函数"列表框中选择"IF"函数，单击 确定 按钮。

STEP 11 打开"函数参数"对话框，在"Logical_test"文本框中输入"MAX(E3:I3)>55"；在"Value_if_true"文本框中输入"优秀"；在"Value_if_false"文本框中输入"一般"，然后单击 确定 按钮，如图5-72所示。

STEP 12 按照相同的操作方法，将M3单元格中的公式复制到M4:M21单元格区域，效果如图5-73所示。

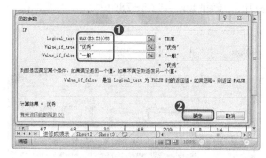
图5-72 设置函数参数

图5-73 复制公式

4.建立成绩速查系统

下面使用VLOOKUP函数在工作表中创建成绩速查系统，让管理者能快速查找指定员工的成绩单，其具体操作如下。（拓展微课：光盘\微课视频\项目五\查找信息.swf）

STEP 1 单击"Sheet2"工作表标签，在A1:A11单元格区域中输入所需文本内容，并对其进行美化，然后将当前工作表名称重命名为"成绩查询"，如图5-74所示。

STEP 2 选择B3单元格，在其中输入文本"景明"，按【Enter】键，编辑栏中单击"插入函数"按钮*fx*，如图5-75所示。

图5-74　输入数据后重命名工作表

图5-75　单击"插入函数"按钮

STEP 3 打开"插入函数"对话框，在"查找与引用"类别中选择"VLOOKUP"函数，然后单击 确定 按钮，如图5-76所示。

STEP 4 打开"函数参数"对话框，在"Lookup_value"文本框中输入"B2"，单击"Table_array"文本框右侧的"收缩"按钮，如图5-77所示。

图5-76　选择要插入的函数

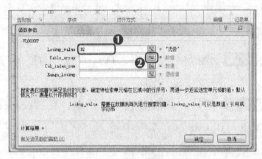

图5-77　设置需要搜索的值

STEP 5 当对话框呈收缩状态时，单击"进修成绩表"工作表标签，拖曳鼠标在其中选择B2:M20单元格区域，单击收缩对话框中的"展开"按钮，如图5-78所示。

STEP 6 展开"函数参数"对话框，在"Col_index_num"文本框中输入搜索数据在所选单元格区域中的列序号，这里输入"4"，单击 确定 按钮，如图5-79所示。

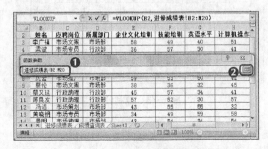

图5-78　设置数据搜索范围

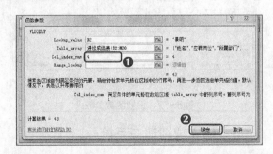

图5-79　输入搜索数据在数组区域中的列序号

STEP 7 此时，B3单元格将显示计算结果"43"，选择B3单元格，将鼠标指针定位至编辑栏中，利用【F4】键将B2单元格和B2:M20单元格区域更改为绝对引用，如图5-80所示。

STEP 8 按【Enter】键确认修改，拖曳B3单元格右下角的"填充柄" ■，将B3单元格中的内容复制到B4:B11单元格区域，单击右下角的"自动填充选项"按钮 ■，在弹出的下拉列表中单击选中"不带格式填充"单选项，如图5-81所示。

图5-80 更改单元格引用方式

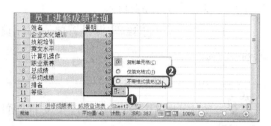

图5-81 复制单元格

STEP 9 选择B4单元格，由于查询数据"技能培训"在所选单元格区域中的序列号为"5"，所以，需要将鼠标指针定位至编辑栏中，将最后的一个数字"4"修改为"5"，如图5-82所示，然后按【Enter】键显示计算结果。

STEP 10 按照相同操作方法，继续将B5:B11单元格区域中的序列号依次修改为"6、7、8、9、10、11、12"，最终效果如图5-83所示。

图5-82 修改查询数据对应的序列号

图5-83 修改公式

STEP 11 选择B2单元格，在【数据】/【数据工具】组中单击 数据有效性 按钮，打开"数据有效性"对话框，在"设置"选项卡的"允许"下拉列表中选择"序列"选项，设置来源为"进修成绩表"中的B3:B20单元格区域，最后单击 确定 按钮，如图5-84所示。

STEP 12 单击B2单元格右下角的下拉按钮 ▼，在弹出的下拉列表框中选择"熊叶"选项，此时，B3:B11单元格区域将自动显示所选员工的培训成绩，如图5-85所示。

图5-84 设置有效性条件

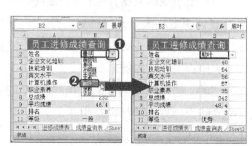

图5-85 快速查看指定员工的培训成绩

实训一 制作“培训效果评估表”表格

【实训目标】

培训完成后，还需要对培训效果进行评估，以便公司用人部门能更好地安排人力，将具备相关能力的人员安排到合适的岗位上。老张交代小白将相关效果评估制作为电子文档，打印出来后交给人力资源部门。

完成本实训需要熟练掌握设置单元格和页面的相关知识。本实训完成后的最终效果如图5-86所示。

效果所在位置 光盘:\效果文件\项目五\培训效果评估表.xlsx

培训效果评估表							
姓名	考核成绩	培训内容	培训方式	培训对象自我评价	所在部门评价	总经理评价	综合评价
蔡伦	93	新员工入职培训	课堂讲授	12	36	36	不满意
蔡又延	77	新员工入职培训	课堂讲授	11	36	22	满意
陈良友	86	新员工入职培训	课堂讲授	15	36	32	不满意
冯滔	60	新员工入职培训	课堂讲授	13	29	24	不满意
黄晓钥	56	新员工入职培训	课堂讲授	10	38	32	满意
景明	55	新员工入职培训	课堂讲授	17	37	32	不满意
李广福	61	新员工入职培训	课堂讲授	15	37	22	满意
梁波	98	新员工入职培训	课堂讲授	18	38	33	不满意
林志海	85	新员工入职培训	课堂讲授	17	25	30	满意
刘海军	75	新员工入职培训	课堂讲授	14	29	38	满意
沈晓雪	93	品质管理培训	岗位实习	14	36	36	不满意
沈云	70	品质管理培训	岗位实习	19	23	25	不满意
孙晓丽	55	品质管理培训	岗位实习	19	27	30	满意
王浩然	98	品质管理培训	岗位实习	10	35	38	满意
王央	93	品质管理培训	岗位实习	19	30	36	满意
熊叶	98	品质管理培训	岗位实习	13	38	36	满意
徐朗	97	个人素养培训	现场讲解	12	32	39	不满意
许珍	89	个人素养培训	现场讲解	16	28	35	不满意

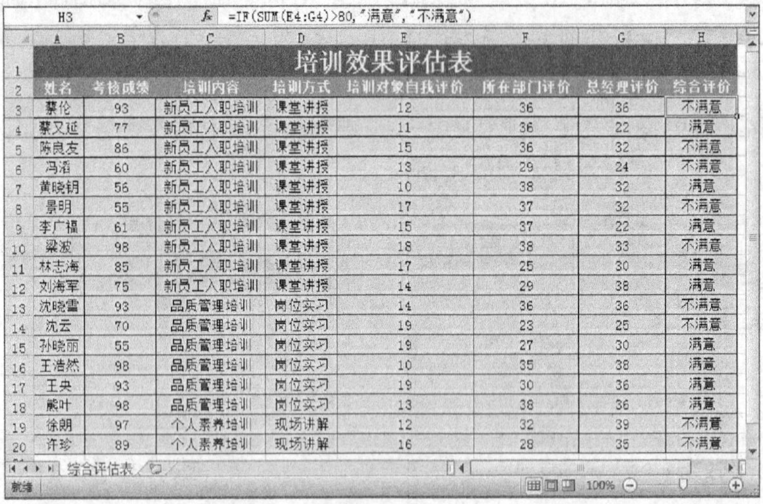

图5-86 “培训效果评估表”最终效果

【专业背景】

培训评估的目的在于了解培训是否起到了作用，无论是培训的制定部门还是人力资源或业务部门，在分析培训成绩和结果后，都应该明确回答这个问题。否则，就会产生盲目投资的行为，不利于企业的发展，也不利于组织下一个培训项目。

作为培训制定和决策部门而言，应全面掌握并控制培训的质量，对不合格的培训，应该及时找到失误的地方进行纠正。同时，应当总结培训中的成功之处，从而不断改进培训质量，为下次培训工作做好铺垫。

在评估时，应对接受培训的人员的知识、技能、综合素质与潜在发展能力，接收与更新知识技能的能力等方面进行客观的评定。

【实训思路】

完成本实训需要先新建一个名为“培训效果评估表”的工作簿，然后在单元格中输入所需文本内容后美化表格，最后设置利用嵌套函数进行综合评价。其操作思路如图5-87所示。

①输入数据　　　　　　　②美化表格　　　　　　　③进行综合评价

图5-87　制作"培训效果评估表"的思路

【步骤提示】

STEP 1 新建空白工作簿，将"Sheet1"工作表重命名为"综合评估表"，然后删除"Sheet2"和"Sheet3"工作表。

STEP 2 在工作表中输入数据后进行美化设置，包括填充颜色、设置对齐方式、字体等。

STEP 3 选择H3单元格，使用嵌套函数计算综合评价，最后将H3单元格中的公式复制到H4:H20单元格区域。

实训二　制作"培训名单统计表"表格

经过一个星期的动员报名后，老张交给小白一份报名名单，让小白根据这份名单制作"培训名单统计表"，并建立相应的透视表进行分析比较。

完成本实训需要熟练掌握LOOKUP函数和SUM函数的使用方法，熟练掌握插入并编辑数据透视图的相关操作。本实训完成后的最终效果如图5-88所示。

 效果所在位置　光盘:\效果文件\项目五\培训名单统计表.xlsx

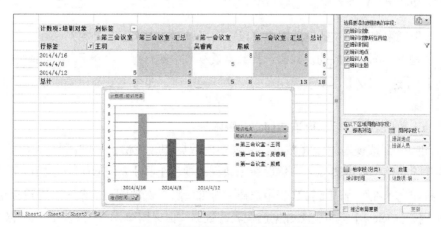

图5-88　"培训名单统计表"最终效果

【专业背景】

员工培训名单的统计，包含了员工的基本信息，以及期望培训的项目和方向。根据培训名单，可制定出符合员工自身提升情况，也符合公司发展的具体培训课程，同时安排出合理的培训时间。

【实训思路】

完成本实训需先制作表格框架并输入相关数据，然后利用数据透视表计算最终参与各项培训的培训人数，最后插入并设置数据透视图。其操作思路如图5-89所示。

①制作表格框架后输入数据　　②创建数据透视表　　③创建数据透视图

图5-89　制作"培训名单统计表"的思路

【步骤提示】

STEP 1　新建一个空白工作表，在其中输入相关数据内容后对表格进行美化。

STEP 2　选择H3单元格，在【插入】/【表格】组中单击"数据透视表"按钮，打开"创建数据透视表"对话框，设置"表/区域"为H2:F 20单元格区域。

STEP 3　在"数据透视表字段列表"窗格中，将"培训对象"拖动到"数值"区域，将"培训时间"拖动到"行标签"区域，将"培训地点"和"培训人员"拖动到"列标签"区域。

STEP 4　选择数据透视表中的任意单元格，在【数据透视表】【插入】/【表格】组中单击"数据透视图"按钮，打开"插入图表"对话框，选择簇状柱形图，完成操作。

常见疑难解析

问：数据透视表中的"数据透视表字段"窗格显示不出来怎么办呢？

答：这是没有选中造成的。只需选择数据透视表中的任意一个单元格，然后在【数据透视表工具】/【选项】/【显示】组中单击 字段列表 按钮，即可重新显示隐藏的"数据透视表字段列表"窗格。

问：插入数据透视表后，应该如何将其删除呢？

答：删除数据透视表示指将数据透视表中的数据和区域格式一并清除。具体方法为：选择需要删除的整个数据透视表，然后在【数据透视表工具】/【选项】/【操作】组中单击"清除"按钮，在弹出的下拉列表中选择"全部清除"选项即可。此外，在选择整个数据透视表后，按【Delete】键可删除数据透视表的数据，但保留单元格区域的边框和格式。

拓展知识

1. 为图形填充纹理效果

为了使插入的图形对象（包含形状、艺术字、SmartArt图形）更加美观，除了可以使用纯色、渐变、图案方式填充图形对象外，还可以利用纹理进行填充。

方法为：选择要设置的图形对象后，打开"设置形状格式"对话框，在"填充"栏右侧的面板中单击选中"图片或纹理填充"单选项，如图5-90所示。单击"纹理"按钮 ，在弹出的列表框中提供了多种纹理样式，选择所需纹理样式后，单击 关闭 按钮，即可将所选纹理应用到选定的图形对象中。

 知识提示 在"填充"栏右侧的面板中单击 文件(F)… 按钮，打开"插入图片"对话框。在其中可以选择保存在计算机中的图片作为纹理进行填充，然后单击 插入(S) 按钮，返回"设置图片格式"对话框，单击 关闭 按钮即可。

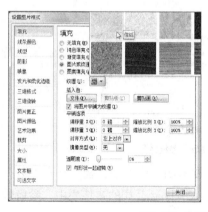
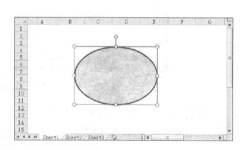

图5-90 为形状设置"信纸"纹理效果

2. 组合与取消组合多个图形对象

为了方便操作，可以将多个图形对象进行组合。通过组合，可以同时翻转、旋转、移动所有形状。除此之外，还可以同时更改组合形状的属性，包括更改填充颜色、线条颜色、线条样式等。组合多个图形对象的方法为：选择要组合的多个形状或其他对象后，在【绘图工具】/【格式】/【排列】组中单击 组合 按钮，在弹出的下拉列表中选择"组合"选项，也可在选择多个对象后，单击鼠标右键，在弹出的快捷菜单中选择"组合"命令，在其子菜单中选择"组合"命令进行组合。

若要取消组合图形对象，则在选择要取消的组合后，在【绘图工具】/【格式】/【排列】组中单击 组合 按钮，在弹出的下拉列表中选择"取消组合"选项，或单击鼠标右键，在弹出的快捷菜单中选择"组合"命令，在其子菜单中选择"取消组合"命令。

课后练习

 效果所在位置 光盘:\效果文件\项目五\员工培训计划表.xlsx、培训课程安排表.xlsx

（1）请根据各部门需求，制作"员工培训计划表"，计算培训所需的相关费用。其参考效果如图5-91所示，相关要求及操作如下。

● 启动Excel 2010，输入数据并美化表格。

● 选择合并后的C16单元格，单击编辑栏，在文本插入点处输入嵌套函数"=LOOKUP (MAX(I3:I15),I3:I15,C3:C15)"，利用SUM函数计算I3:I15单元格区域之和。

● 选择C2:I15单元格区域，插入数据透视图，在"数据透视表字段列表"窗格中设置各字段。

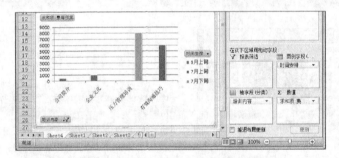

图5-91 "员工培训计划表"最终效果

（2）公司拟定了一份"培训课程安排表"，要求制作成电子文档，并利用数据透视表和透视图统计相关人数，然后将课程安排表打印出来张贴到公司的宣传栏中，参考效果如图5-92所示。

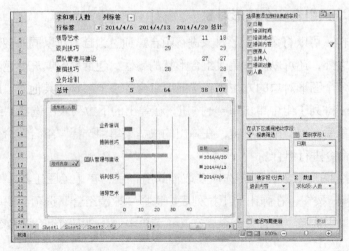

图5-92 "培训课程安排表"最终效果

项目六
绩效考核

情景导入

　　绩效考核与员工福利直接挂钩，这个星期小白的主要任务就是完成公司的绩效考核统计，以便公司统计财务方面的数据，并制定下期的预算。

知识技能目标

- 熟悉样式的创建和应用方法。
- 掌握条件格式的使用。
- 熟悉合并计算的使用方法。
- 了解超链接的创建方法。

- 了解公司绩效考核的基本流程。
- 掌握"管理人员考评表"和"年度绩效考核表"等表格的制作。

项目流程对应图

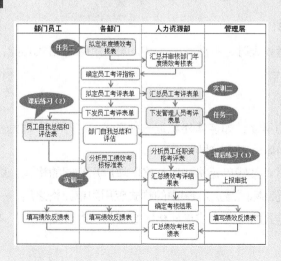

任务一 制作“管理人员考评表”表格

管理人员考评表是针对管理人员的工作绩效、管理能力、工作态度等方面进行考评。分析管理人员考评表，可得出管理人员在某一阶段的工作绩效，从而有效地安排工作，为公司创造更佳的效益。

一、 任务目标

老张给小白安排了一项任务，希望她尽快制作一份公司管理人员考评表单的样板，以便进行绩效考核后，能快速填写考评表。在该考评表中，主要考评工作绩效、工作能力、工作态度3个方面。本任务完成后的最终效果如图6-1所示。

效果所在位置 光盘:\效果文件\项目六\管理人员考评表.xlsx

××公司管理人员考评表单

评价项目		评价内容	优	良	中	差	劣	权重系数
考评日期：2013-5-15		姓名：李强	职务：销售部副经理					
			10	8	6	4	2	
工作绩效	1. 工作量	每小时的工作量均满负荷，没有空暇再承担其他的工作。						0.08
	2. 工作速度	规定时间内均能准时完成工作，工作积压、工作加班、工作断层少。						0.08
	3. 工作达成度	与年度目标/期望值比较，产出、士气、交期、品质、成本目标的达成率高。						0.08
	4. 工作成本	时间、物资、人力的成本小，工作差错、疏忽、重工现象少。						0.08
工作能力	1. 计划性	前瞻性好，目标明确，工作细致，资源运用合理，节奏紧凑，保证力佳。						0.1
	2. 组织力	团队士气高投诉少，前端准备充分信息畅通，资源调配及时有序，与下属和业务接口单位的关系融洽出错少，激励手段多样，下属均可独挡一面。						0.1
	3. 执行力	上级交办、本职事务均能按期闭环，下属工作能按日检查、按周总结且均能保质保期，紧急和危机状态时能自主、有效地完成应急补救工作。						0.1
	4. 工作技能	擅长建立团体激励团队作业，本岗位的专业性、标准化程度高，操作技能娴熟，可胜任本单位各工位的技能辅导，每月均有创新举动和绩效。						0.07
		遵纪守规事事身为表率，工作主动勤奋耐劳，不拖延推诿不负						

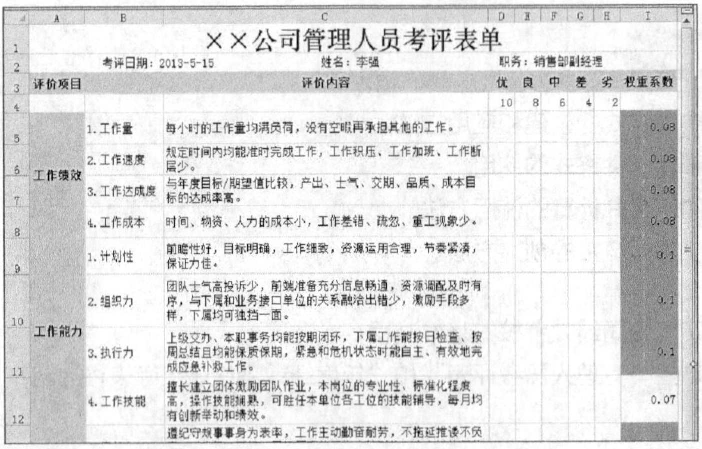

图6-1 “管理人员考评表”最终效果

二、相关知识

在制作管理人员考评表时，将涉及Excel中的样式和条件格式功能，下面对这两种功能的作用和特点进行简单介绍。

1. 什么是样式

样式是多种格式的集合，如字体外观是一种格式，字号大小是另一种格式，那么样式则可以同时包含设置的字体外观和字号大小。

如果在表格中经常对某些单元格或单元格区域应用相同的格式，则可以将这些格式定义为样式，以便快速设置目标区域。Excel中的样式应用到单元格之后，一旦更改样式中的某种格式，则所有应用了样式的单元格或单元格区域都将同时改变效果，从而可极大地提高表格的制作效率。

2．条件格式的优势

根据条件格式可对符合条件的单元格或单元格区域应用各种格式效果。例如，需要将成绩中低于60分的数据显示为绿色，将60~85分的数据显示为黄色，将85分以上的数据显示为红色，则可利用条件格式，首先确定这些数据满足的条件，然后分别为各条件对应的格式进行设置后，即可快速应用格式。数据量越大的表格，越能体现条件格式的优势。

三、任务实施

1．创建绩效考核标准表数据

创建绩效考核标准表的数据，其中将涉及数据的输入、基本格式的设置、自动求和公式的使用等内容，其具体操作如下。

STEP 1 启动Excel 2010，将工作簿保存为"管理人员考评表.xlsx"，然后在A1:I16单元格区域中输入如图6-2所示的数据。

STEP 2 对单元格区域进行合并和居中设置，并适当调整行高和列宽，如图6-3所示。

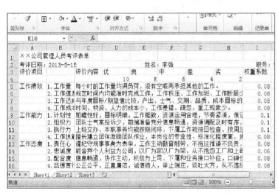

| 图6-2 输入数据 | 图6-3 设置格式 |

STEP 3 选择C5:C16单元格区域，在【开始】/【对齐方式】组中单击"对话框启动器"按钮 ，打开"设置单元格格式"对话框。在"对齐"选项卡的"文本控制"栏中单击选中"自动换行"复选框，如图6-4所示，单击 确定 按钮。

STEP 4 调整设置后的行高，效果如图6-5所示。

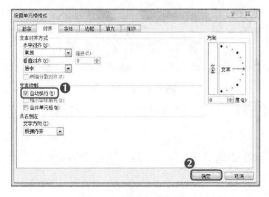

图6-4 设置自动换行

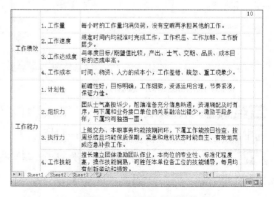

图6-5 调整行高后的效果

2. 创建并应用样式

下面将利用样式进一步对表格中的标题和项目单元格进行美化，使表格层次更加清晰，其具体操作如下。（ 拓展微课：光盘\微课视频\项目六\创建自定义样式.swf）

STEP 1 选择A1单元格，在【开始】/【样式】组中单击 单元格样式 按钮，在打开的列表中选择"新建单元格样式"命令，如图6-6所示。

STEP 2 打开"样式"对话框，在"样式名"文本框中输入"题目"，单击 格式(O)... 按钮，如图6-7所示。

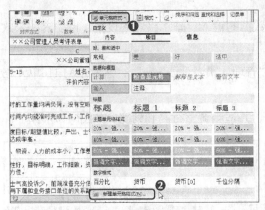

图6-6 选择命令

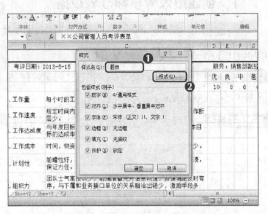

图6-7 单击"格式"按钮

STEP 3 打开"设置单元格格式"对话框，单击"字体"选项卡，在"字体"栏的列表框中选择"华文中宋"选项，在"字号"栏的列表框中选择"24"选项，单击 确定 按钮，如图6-8所示。

STEP 4 返回"样式"对话框，单击 确定 按钮，如图6-9所示。

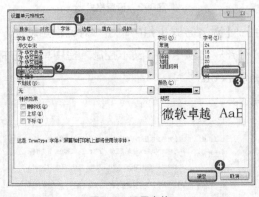

图6-8 设置字体

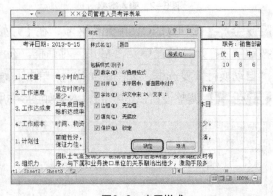

图6-9 应用样式

STEP 5 再次单击 单元格样式 按钮，在打开列表的"自定义"栏中选择"题目"样式，为选中的A1单元格应用样式，如图6-10所示。

STEP 6 选择A3单元格，再次打开"样式"对话框，在"样式名"文本框中输入"表头"，单击 格式(O)... 按钮，如图6-11所示。

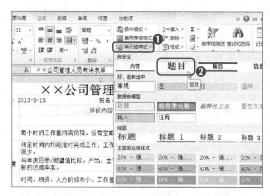

图6-10　应用样式

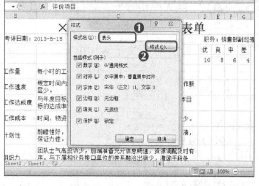

图6-11　设置样式名称

STEP 7　打开"设置单元格格式"对话框，单击"字体"选项卡，在"字形"栏的列表框中选择"加粗"选项，如图6-12所示。

STEP 8　单击"填充"选项卡，选择如图6-13所示的颜色，然后单击 确定 按钮。

图6-12　设置字体

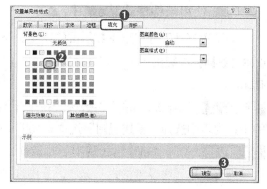

图6-13　设置单元格填充

STEP 9　返回"格式"对话框，单击 确定 按钮。单击 单元格样式 按钮，在打开列表的"自定义"栏中选择"表头"样式，为A3单元格应用样式，效果如图6-14所示。

STEP 10　按住【Ctrl】键，选择其他需要设置"表头"样式的单元格和单元格区域，如图6-15所示。

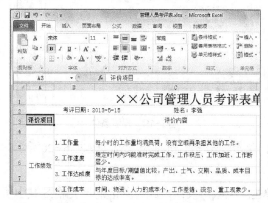

图6-14　应用样式后的效果

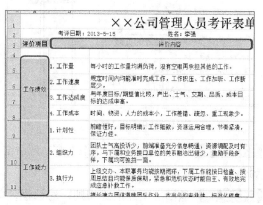

图6-15　选择单元格区域

STEP 11 再次单击 单元格样式 按钮，在打开列表的"自定义"栏中选择"表头"样式，如图6-16所示。

STEP 12 此时所选单元格和单元格区域也将应用"表头"样式，效果如图6-17所示。

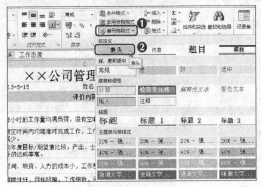

图6-16 选择样式

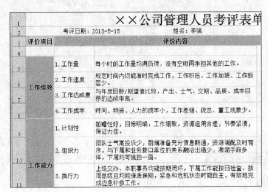

图6-17 应用样式

3. 使用条件格式显示数据

为了更好地区分权重系数所占的比重，下面需要利用条件格式功能将数据中大于和等于0.08的数据标红突出显示，其具体操作如下。（🎬拓展微课：光盘\微课视频\项目六\突出显示数据.swf）

STEP 1 选择I5:I16单元格区域，在【开始】/【样式】组中单击 条件格式 按钮，在弹出的下拉列表中选择"新建规则"选项，如图6-18所示。

STEP 2 打开"新建格式规则"对话框，在"选择规则类型"列表框中选择"只为包含以下内容的单元格设置格式"选项，分别选择"单元格值"和"大于或等于"选项，并在右侧的文本框中输入"0.08"，然后单击 格式(O) 按钮，如图6-19所示。

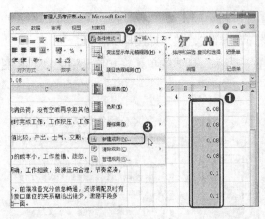

图6-18 选择命令

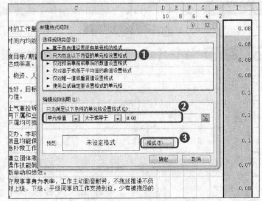

图6-19 设置条件

STEP 3 打开设置"单元格格式"对话框，单击"填充"选项卡，选择如图6-20所示的颜色，单击 确定 按钮。

STEP 4 返回"新建格式规则"对话框，单击 确定 按钮，此时所选的单元格区域中所有大于或等于0.08的单元格，都将填充为所选颜色，如图6-21所示。

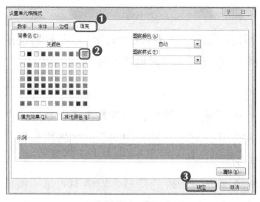

图6-20 设置字体

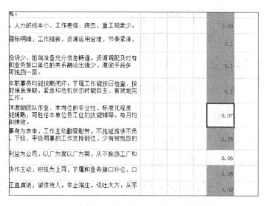

图6-21 应用格式

任务二 汇总"年度绩效考核"表格

根据不同公司的管理制度，每年可按月份、季度或其他方式进行若干次考核，在年终时汇总考核数据，与年终奖等各种奖金福利直接挂钩。年度绩效考核表是员工全年的绩效考核数据汇总，是非常重要的数据参照依据。

一、任务目标

为了方便年终对员工的各方面表现进行考核，老张要求小白率先汇总出全公司员工的年度绩效考核数据，若考核效率不错，则年终就采用这种方法进行汇总处理。小白决定利用Excel的数据合并计算功能和超链接功能实现考核汇总。本任务完成后的最终效果如图6-22所示。

 效果所在位置 光盘:\效果文件\项目六\年度绩效考核.xlsx

图6-22 "年度绩效考核"最终效果

二、相关知识

在制作年度绩效考核表的过程中，将涉及合并计算功能与超链接功能的使用，这两种功能在实际工作中常见且实用。下面对它们进行简单介绍，以便后面更好地进行操作。

1．合并计算的分类

利用合并计算功能，可以汇总一个或多个工作表区域中的数据，这些数据可以是同一工作簿中的数据，也可以是不同工作簿中的数据。在合并计算中，按照引用区域的数据位置，可将合并计算分为按位置合并计算和按类合并计算两种方式。

● **按位置合并计算**：引用区域中的数据被相同地排列，也就是多个表格中的每一条记录名称、字段名称、排列顺序均相同。图6-23所示即表示引用区域所在的表格与合并数据所在的表格，其字段名称、记录名称、排列顺序完全相同，此时合并数据只需选择具体的数据区域，而不用选择字段和记录所在的单元格。

图6-23　按位置合并计算的数据结构

● **按类合并计算**：引用区域的数据所在工作表的字段名称和记录名称不完全相同，如图6-24所示，此时选择数据时便需要把不同的字段或记录所在的单元格一并选择才能实现合并计算。

图6-24　按类合并计算的数据结构

2．超链接的作用

当单击Internet中的超链接时会弹出对应的网页，Excel中的超链接也具有类似的作用，单击创建了超链接的对象后，便跳转到该对象指定的链接位置，从而实现将若干单数据表整合为一个数据表集合的目的。

具体而言，Excel中的超链接具有以下作用。

● 定位到Internet、Intranet 或 Internet 上的文件或网页。

● 定位到将来要创建的文件或网页。

● 发送电子邮件消息。

● 启动文件传送，如下载或执行 FTP。

知识提示　　　Intranet是一种组织内部的、使用 Internet 技术的网络，如最常见的 HTTP、FTP 等，就是Intranet。

三、任务实施

1．创建年度绩效考核数据

下面通过输入、计算、美化、复制工作表等操作来创建各部门的年度绩效考核数据，其具体操作如下。（**拓展微课**：光盘\微课视频\项目六\AVERAGE函数.swf）

STEP 1　启动Excel 2010，将新建的工作簿保存为"年度绩效考核.xlsx"，将Sheet 1的工作表名称更改为"销售部"，删除多余的工作表，如图6-25所示。

STEP 2　在工作表中输入表格的标题、项目、各条记录内容并进行美化，如图6-26所示。

图6-25　保存工作簿

图6-26　输入数据

STEP 3　选择H3:H14单元格区域，在【公式】/【函数库】组中单击 Σ 自动求和 按钮右侧的下拉 · 按钮，在弹出的下拉列表中选择"平均值"选项，如图6-27所示。

STEP 4　自动计算平均值后，按住【Ctrl】键不放，向右拖曳"销售部"工作表标签进行复制，如图6-28所示。

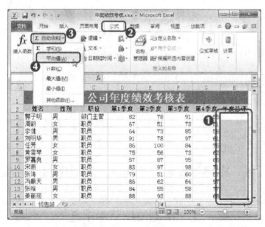

图6-27　计算平均值

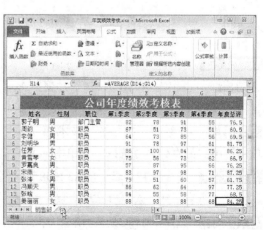

图6-28　复制工作表

STEP 5 更改复制后的工作表名称为"技术部",并修改表格中员工姓名等数据,如图6-29所示。

STEP 6 按相同方法复制出"客服部"工作表,并修改表格中的数据,如图6-30所示。

图6-29 修改工作表　　　　　　　　图6-30 复制工作表

2. 快速合并计算各部门数据

接下来将已有的3个部门的年度绩效考核数据,通过按类合并计算的方式得到全公司员工的年度绩效考核结果,其具体操作如下。(📽拓展微课:光盘\微课视频\项目六\合并计算工作簿中的数据.swf)

STEP 1 复制"客服部"工作表,并将复制的工作表重命名为"所有部门",删除员工信息内容,如图6-31所示。

STEP 2 选择A3单元格,在【数据】/【数据工具】组中单击"合并计算"按钮🔲,如图6-32所示。

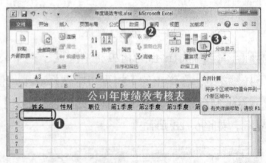

图6-31 复制工作表　　　　　　　　图6-32 选择命令

STEP 3 打开"合并计算"对话框,单击"引用位置"右侧的"收缩"按钮🔲,引用"销售部"工作表中的A3:H14单元格区域,并利用 添加(A) 按钮将其添加到"所有引用位置"列表框中,如图6-33所示。

STEP 4 继续引用并添加"技术部"和"客服部"工作表中的A3:H14单元格区域,然后单击选中"最左列"复选框,并单击 确定 按钮,如图6-34所示。

STEP 5 选择合并计算后的A3:H38单元格区域,将字号设置为"10",并居中对齐,然后添加"所有框线"边框样式,如图6-35所示。

STEP 6 选择B列和C列单元格,然后单击鼠标右键,在弹出的快捷菜单中选择"删除"命令,得到需要的表格数据,如图6-36所示。

图6-33 引用数据

图6-34 继续引用数据

图6-35 设置格式

图6-36 删除项目

3．使用超链接连接各工作表

下面在各个工作表中创建自选图形并添加超链接，将多个工作表联系起来，以方便查看表格数据，其具体操作如下。（ 拓展微课：光盘\微课视频\项目六\插入超级链接.swf）

STEP 1 切换到"销售部"工作表，在【插入】/【插图】组中单击"形状"按钮 ，在弹出的下拉列表中选择"椭圆矩形"选项，如图6-37所示。

STEP 2 在表格数据下方拖曳鼠标绘制圆角矩形，在其边框上单击鼠标右键，在弹出的快捷菜单中选择"编辑文字"命令，如图6-38所示。

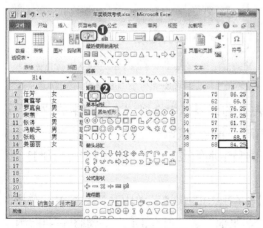

图6-37 选择自选图形

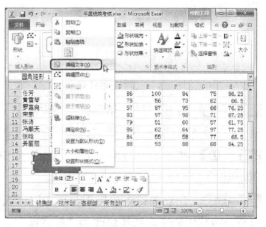

图6-38 编辑文字

STEP 3 在圆角矩形中输入需要的文本内容，如图6-39所示。

STEP 4 在【开始】/【字体】组中设置字符格式为"宋体、加粗、10号",并水平居中和垂直居中对齐,如图6-40所示。

图6-39 输入文本

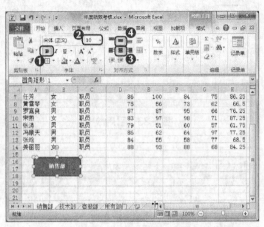

图6-40 设置文本格式

STEP 5 在【绘图工具】/【格式】/【形状样式】组中,为形状设置快速样式"浅色1轮廓,彩色填充-红色,强调颜色2",如图6-41所示。

STEP 6 继续在圆角矩形的边框上单击鼠标右键,在弹出的快捷菜单中选择"超链接"命令,如图6-42所示。

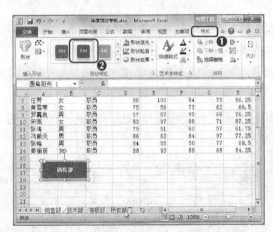

图6-41 设置形状样式

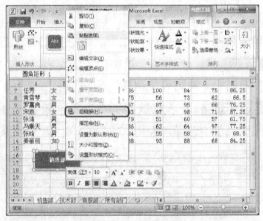

图6-42 添加超链接

STEP 7 打开"插入超链接"对话框,在左侧的列表框中选择"本文档中的位置"选项,在右侧的列表框中选择"销售部"选项,单击 确定 按钮,如图6-43所示。

STEP 8 按住【Ctrl+Shift】组合键不放,在圆角矩形的边框上向右拖曳鼠标,复制3个圆角矩形。

STEP 9 在复制的圆角矩形上单击鼠标右键,在弹出的快捷菜单中选择"编辑超链接"命令,将其中的文本依次修改为"技术部"、"客服部"、"所有部门",如图6-44所示。

STEP 10 在"技术部"圆角矩形边框上单击鼠标右键,在弹出的快捷菜单中选择"编辑超链接"命令,如图6-45所示。

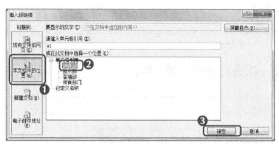

图6-43 指定链接目标

图6-44 编辑超链接

STEP 11 在打开的对话框中将链接目标更改为"技术部",单击 [确定] 按钮,如图6-46所示。

图6-45 修改超链接

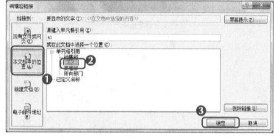

图6-46 更改链接目标

STEP 12 按相同方法更改另外两个圆角矩形的链接目标,最后将4个圆角矩形复制到其他3个工作表中即可,如图6-47所示。

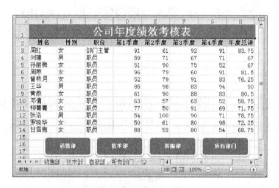

图6-47 复制形状

实训一 制作"绩效考核标准"表格

【实训目标】

公司需要对全体员工进行绩效考核,老张要求小白能将绩效考核标准表的样式制作出来并交给领导审核,以最终确定此次考核表的各方面标准。小白不敢怠慢,马上动手搜集相关资料,开始表格的制作。

要完成本实训,需要掌握Excel样式的添加和应用,以及条件格式的设置等操作。本实训完成后的最终效果如图6-48所示。

144

	考核内容	满分	初评	复评	决定
	绩效考核标准表				
部门: 技术部	职位: C级员工		姓名: 竹志		
	考核内容	满分	初评	复评	决定
工作态度	1 工作态度认真、很少无故缺勤	10	8	7	7
	2 工作不偷懒	5	3	4	4
	3 工作效率高	5	2	2	2
基础能力	4 具备独立完成工作的能力	10	5	7	7
	5 熟悉工作的每个环节	5	3	4	4
	6 能够在既定时间内完成工作	5	3	3	4
业务熟练程度	7 工作完成及时、准确	5	3	3	3
	8 精通自己负责的工作流程	5	4	3	4
	9 善于总结工作经验	10	6	8	7
责任感	10 有能力接受有挑战的工作	5	3	2	2
	11 能确完成交付的工作	5	3	3	4
	12 能勇于面对困难	5	3	4	4
协调性	13 能随机应变, 达成目标	5	3	2	3
	14 做事冷静, 不感情用事	5	4	3	3
	15 能与别人配合, 和睦地工作	5	5	5	5
	16 在工作上乐于帮助同事	5	4	3	4
	考核总分	100	64	68	71
初评人: 张存义		复评人: 罗亮			决定人: 侯雪梅

图6-48　"绩效考核标准"最终效果

【专业背景】

绩效考核是一项系统工程，涉及战略目标、指标评价等体系，包括评价标准及评价方法等内容，以促进企业获利能力为核心，使人力资源的作用发挥到极致。这也是绩效考核的目标。为了更好的完成绩效考核的目标，需要分阶段分解任务到各个部门和员工身上。绩效考核就是对企业人员完成目标情况的一个记录和考评。

【实训思路】

完成本实训需要在新建的工作簿中输入相关数据，然后对单元格进行合并、调整行高列宽等设置，最后使用样式来美化表格内容。其操作思路如图6-49所示。

①输入数据　　　②调整单元格　　　③添加和应用样式

图6-49　美化"绩效考核标准"表的思路

【步骤提示】

STEP 1 新建工作簿并保存为"绩效考核标准"，输入相关数据。

STEP 2 合并标题、表头等单元格区域，然后适当调整各行各列的高度与宽度。

STEP 3 分别添加“标题”、“表头”、“项目”样式，具体样式的格式参见提供的效果文件，然后为表格中对应的单元格或单元格区域应用样式。

STEP 4 选中E4:G20单元格区域，使用条件格式命令，将评分大于等于6的数值标红并加粗显示。

实训二 制作“考评汇总表”表格

【实训目标】

老张将“员工考评表单”的任务也交给了小白来完成，要求她将一个部门中多名员工的考评表单创建在一个工作簿中，并利用超链接将这些独立的工作表连接起来，方便查阅。

完成本实训需要掌握数据的输入与美化、函数的使用、条件格式的应用以及超链接的添加等操作。本实训完成后的最终效果如图6-50所示。

效果所在位置 光盘:\效果文件\项目六\考评汇总表.xlsx

员工考评表单

姓名：张涛

项目及考核内容		配分	自评	上级审核
工作业绩（30%）	能时时跟进，追踪工作，提前完成工作任务	25-30		
	能跟踪，按期完成工作任务	18-24	22	23
	在监督下能完成工作任务	10-17		
	在指导下，亦不能完成工作任务	10以下		
成本意识（20%）	成本意识强烈，能积极节省，避免浪费	18-20	18	
	具备成本意识，并能节约	15-17		16
	尚有成本意识，尚能节约	10-14		
	缺乏成本意识，稍有浪费	5-9		
	无成本意识，经常浪费	5以下		
职业道德（10%）	职业行为规范执行很出色	10		
	职业行为规范执行基本不出错	7-9	9	8
	职业行为规范执行时有违反现象	4-6		
	职业行为规范执行不认真	4以下		
合作精神（20%）	与他人或部门沟通协调很有成效	18-20		
	与他人或部门合作有效	14-17		15
	与他人或部门时有合作	8-13	13	
	与他人或部门很少合作	8以下		
纪律性（20%）	自觉遵守和维护公司各项规章制度	18-20	18	18
	能遵守公司规章制度，但需要有人督导	15-17		
	偶有迟到，但上班后工作兢兢业业	10-14		
	纪律观念不强，偶尔违反公司规章制度	5-9		
	经常违反公司制度，被指正时态度傲慢	5以下		
			总分	80

返回员工名单

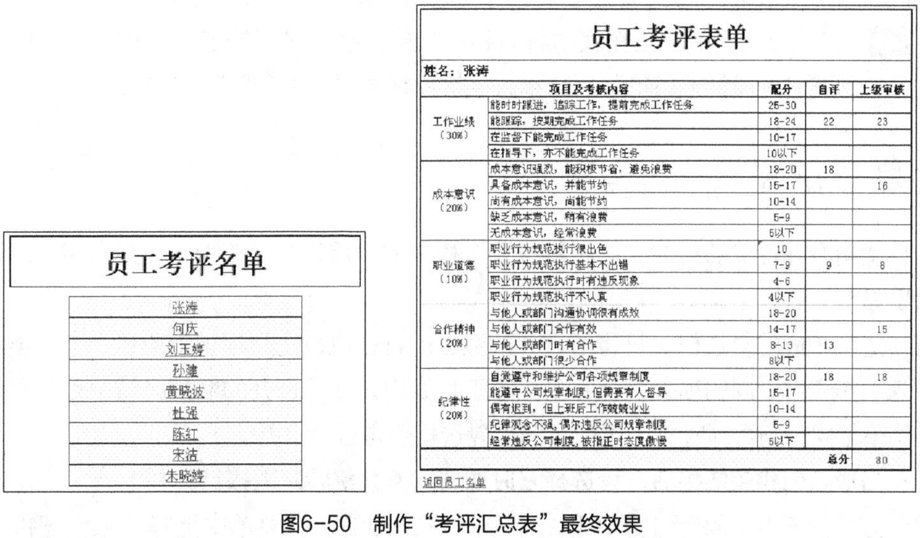

图6-50 制作“考评汇总表”最终效果

【专业背景】

规模较大的公司会针对不同部门的员工设定不同的考评内容，如销售部会根据客户资料整理相关的考评内容，设计部会设计创新意识方面的考评内容等。考评表的考评内容一般由工作业绩、成本意识、职业道德、合作精神、纪律性等几大重要部分构成，根据不同公司的不同管理方法，这些考评内容可以灵活变化。

员工考评表需要遵循符合公司经营策略以及能如实并全面地反映员工各方面的情况。

【实训思路】

完成本实训首先需要制作员工名单和各个员工的考评表，然后设置格式进行美化，最后利用超链接将这些工作表连接起来。其操作思路如图6-51所示。

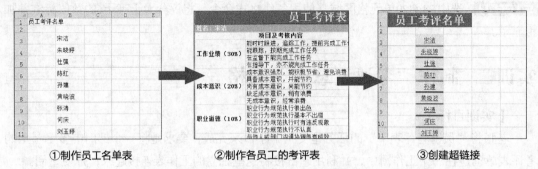

①制作员工名单表　　　　②制作各员工的考评表　　　　③创建超链接

图6-51　制作"考评汇总表"的思路

【步骤提示】

STEP 1 新建工作簿并保存为"考评汇总表"，将"Sheet1"工作表重命名为"员工名单"，并创建员工名单工作表。

STEP 2 将"Sheet2"工作表重命名为"宋洁"，输入考评表数据，其中总分利用SUM函数计算，且利用条件格式将总分不小于80的数据标红显示。

STEP 3 复制"宋洁"工作表，修改名称和数据，制作其他员工的考评表单。

STEP 4 在"员工名单"工作表中将名称单元格链接到对应的名称工作表，然后在各名称工作表中创建"返回员工名单"超链接，链接目标为"员工名单"工作表。

常见疑难解析

问：使用合并计算功能时，"标签位置"栏中的"首行"复选框和"最左列"复选框是什么意思呢？

答：选中相应的复选框，可将所合并的数据的首行或最左列标识为项目，当按类合并计算时，各工作表中不同的项目将合并到一个工作表中，如果合并的数据区域中首行和最左列的项目均不相同，则可同时单击选中这两个复选框后再进行合并。

问：为形状创建超链接后，再选择它时如何才不会跳转到链接目标呢？

答：方法是在自选图形上单击鼠标右键，在弹出的快捷菜单中选择"取消超链接"命令，此时便可选择该对象。

拓展知识

1．在条件格式中使用公式

在条件格式中使用公式可以设置出更多的格式效果。假设要在数据区域中隔行填充浅黄色，使用手动填充就显得很麻烦，如果数据量很大时，则更加烦琐。此时使用条件格式和公式，可自动实现隔行填充。

首先选择需要设置各行填充的单元格区域，然后打开"新建格式规则"对话框，在"选择规则类型"列表框中选择"使用公式确定要设置格式的单元格"选项，然后在规则文本框中输入"=IF(MOD($A3,2),1)"，设置满足条件的单元格填充浅蓝色，确定后如图6-53所示。此公式表示如果A3单元格中的数据除以2后余1，就执行设置的格式，否则不发生变化。

图6-52　设置隔行填充

2.　超链接的屏幕提示

超链接的屏幕提示是指将鼠标指针移至添加了超链接的对象上并稍作停留，便会显示出单击此超链接后将出现的结果等相关的提示信息，如图6-53所示。为超链接添加了屏幕提示后，可以让表格使用者能更加清楚各超链接的作用，从而方便表格的使用。

创建屏幕提示的方法为：打开"插入超链接"（创建）对话框或"编辑超链接"（修改）对话框，单击 屏幕提示(P)... 按钮，在打开的对话框中输入相关的提示信息即可。其中输入的内容一定要与链接目标相关，否则就失去了屏幕提示的意义。

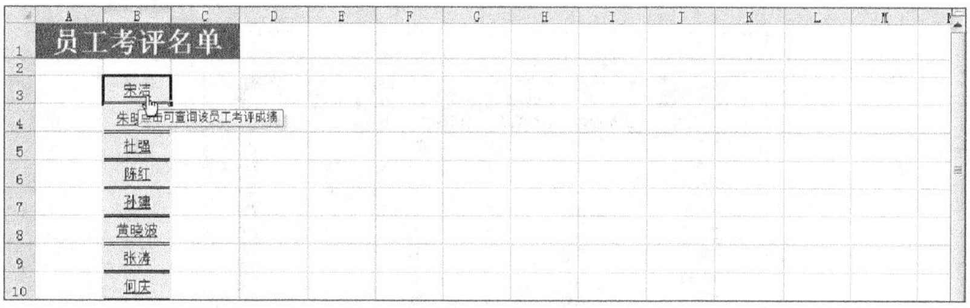

图6-53　超链接的屏幕提示

课后练习

效果所在位置　光盘:\效果文件\项目六\员工任职资格考评表.xls、员工自我总结和评估表.xls

（1）制作如图6-54所示的"员工任职资格考评表"，相关要求及操作提示如下。

● 输入表格中的数据。

● 合并部分单元格区域、调整行高和列宽。

● 设置“表标题”和“表头”样式，并为表格中的相应数据区域应用样式。

员工任职资格考评表

姓名：

序号	评价因素	细分因子		权重		结果
1	学历	最高学历		60	30	
		毕业院校			10	
		专业			20	
2	职称	职称	有无相应等级的职称	80	20	
			与岗位是否匹配		20	
		专业证书	有无相应的执业证书		20	
			与岗位是否匹配		20	
3	培训	参加并通过公司安排的培训		60	20	
		自费参加并通过外部的培训			20	
		担任内部培训师（次数、范围、等级）			20	
4	年龄	适用年龄		20	20	
5	知识	知识及掌握程度		100	100	
6	技能	技能及掌握程度		40	40	
7	能力与素质	能力与素质及程度		280	280	
8	性格	性格匹配性	试卷测试	60	30	
			上司评判		30	
9	工作经历	工作年限		100	40	
		曾任职单位规模和管理水平			20	
		行业匹配性			20	
		曾任职岗位			20	
10	工作业绩	非公司工作业绩		200	A	
		公司工作业绩			B	
		工作业绩评判			200	
1－10项小计得分						0
11	身体素质	病假天数		20		
		体能测试		0		
	家庭负担	事假天数		20		
		住址与工作地点距离		0		
	家庭关系	与行业或岗位工作相关度		20		
1－11项总计得分						0

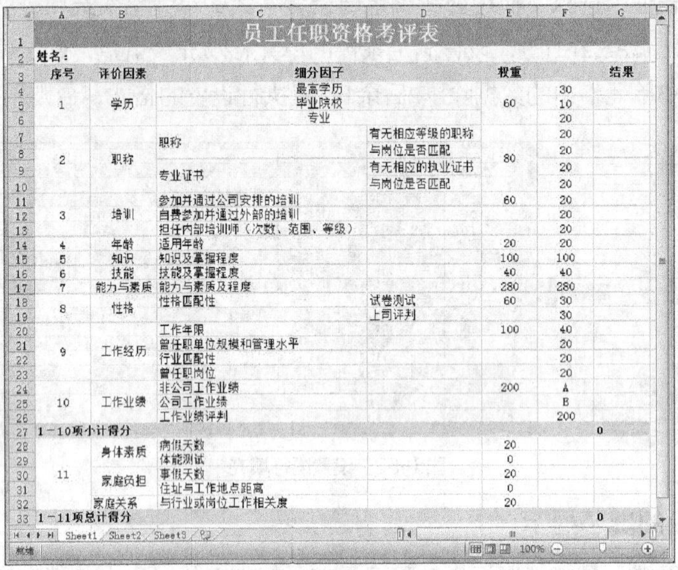

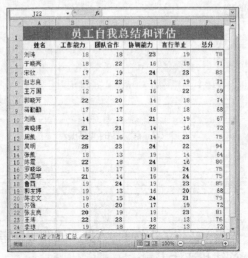

图6-54 “员工任职资格考评表”效果

（2）制作如图6-55所示的“员工自我总结和评估表”，相关要求及操作提示如下。

● 分别在两个工作表中创建A店和B店员工的自我总结和评估表。

● 利用按类合并的方法将两个工作表中所有员工的评估数据合并。

● 在合并后的工作表中利用条件格式加粗显示“20~25”的数据，并加粗标红显示不小于“75”的数据。

员工自我总结和评估

姓名	工作能力	团队合作	协调能力	言行举止	总分
刘涛	18	18	23	19	78
于晓亮	18	22	16	15	71
宋钦	17	19	24	23	83
赵志良	15	23	14	19	71
王万国	12	19	16	22	69
郭晓芳	22	20	14	18	74
蒋勤勤	17	17	16	18	68
刘艳	14	13	21	19	67
黄晓婷	21	21	14	16	72
周凯	22	16	14	23	75
吴明	25	23	24	22	94
张凯	18	13	19	14	64
陈霞	22	18	24	16	80
罗晓华	15	17	19	24	75
刘国琴	21	14	16	24	75
鲁西	19	24	19	23	85
郭友婷	19	13	16	20	68
陈志文	19	15	24	21	79
苏强	16	20	17	19	72
张友良	20	19	19	23	81
王涛	22	23	18	13	76
李琼	19	18	22	13	72

图6-55 “员工自我总结和评估表”效果

项目七
薪资管理

情景导入

　　临近月底，公司开始着手统计本月员工工资，由于小白对工资分配等方面不太熟悉，老张决定带着她一起制作相关表格。老张告诉她首先要了解公司不同部门员工工资的构成，然后才能汇总员工工资等数据。

知识技能目标

- 了解Excel 2010中各种图示的特点。
- 掌握SmartArt图形的创建和基本美化设置。
- 认识并了解公式审核的作用和实施方法。
- 掌握特殊排序在表格中的应用。

- 了解公司薪资管理的制定和实施流程。
- 掌握"员工薪资信息表"和"工资汇总表"等表格的制作。

项目流程对应图

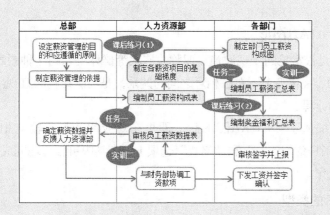

任务一 编制"员工薪资信息表"

员工的薪资构成是对组织内部不同职位或技能所应该得到的薪酬进行的分配。依据公司的经营战略、经济能力、人力资源配置战略、市场薪酬水平等要素，为公司内部价值不同的岗位制定的不同薪酬，并提供了确认员工个人贡献的办法，是公司管理的重要组成部分。

一、任务目标

在领导的指示下，小白需要制作公司员工薪资构成表。通过此次任务，可让她快速熟悉公司的薪资构成以及与薪资相关的各种表格编制。此任务涉及基本数据的输入和美化，重点需要创建组织结构图来清晰地表现薪资结构的关系。本任务完成后的最终效果如图7-1所示。

效果所在位置 光盘:\效果文件\项目七\员工薪资信息表.xlsx

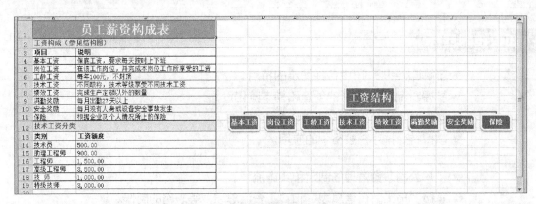

图7-1 "员工薪资信息表"最终效果

二、相关知识

Excel 2010中的SmartArt图形包含多种图示。下面首先认识这些图示，了解它们的特点和适用范围。

1. 认识SmartArt图形

SmartArt图形是最常见的表现雇员、职称、层次等群体关系的一种图表，它可以形象地反映组织内各机构、岗位等上下左右相互之间的关系，是组织结构的直观反映，也是对该组织功能的一种侧面诠释。

当在Excel中插入了SmartArt图形后，即可在对应的图形中输入相关文字，并出现"SmartArt工具"对应的"设计"和"格式"选项卡，在其中可轻松地完成SmartArt图形的修改、美化等各种操作。

2. 常用图示的类型

SmartArt图形包括列表、流程、循环、层次结构、关系等图示对象，不同的图示类型可在不同的表达情况下应用。下面介绍几个常用的SmartArt图示类型。

- **列表图**：用于显示等值的分组信息或相关信息，或者任务、流程或工作流中的行进或一系列步骤。
- **层次结构**：用于显示组织中的分层信息或上下级关系。
- **循环图**：用于显示持续循环的图形，当对象具备循环关系时可用此图示来显示。
- **棱锥图**：此图形类似于金字塔图形，可以显示从图形顶端到基础的关系。

三、任务实施

1. 输入并美化薪资构成表

下面首先保存工作簿，并输入和美化相关薪资构成数据，其具体操作如下。

STEP 1 启动Excel 2010，将新建的文档以“员工薪资信息表”为名进行保存，然后在A1:B19单元格区域输入表格数据，如图7-2所示。

STEP 2 增加A列和B列的列宽以及第1行、第2行、第12行的行高，然后合并调整了行高的单元格区域，如图7-3所示。

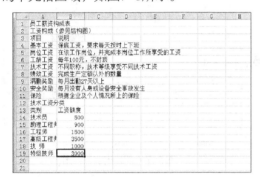

	A	B
1	员工薪资构成表	
2	工资构成（参见结构图）	
3	项目	说明
4	基本工资	保底工资，要求每天按时上下班
5	岗位工资	在该工作岗位，并完成本岗位工作所享受的工资
6	工龄工资	每年100元，不封顶
7	技术工资	不同职称，技术等级享受不同技术工资
8	绩效工资	完成生产定额以外的数量
9	满勤奖励	每月出勤27天以上
10	安全奖励	每月没有人身或设备安全事故发生
11	保险	根据企业及个人情况所上的保险
12	技术工资分类	
13	类别	工资额度
14	技术员	500
15	助理工程师	900
16	工程师	1500
17	高级工程师	3500
18	技 师	1000
19	特级技师	3000

图7-2 输入数据

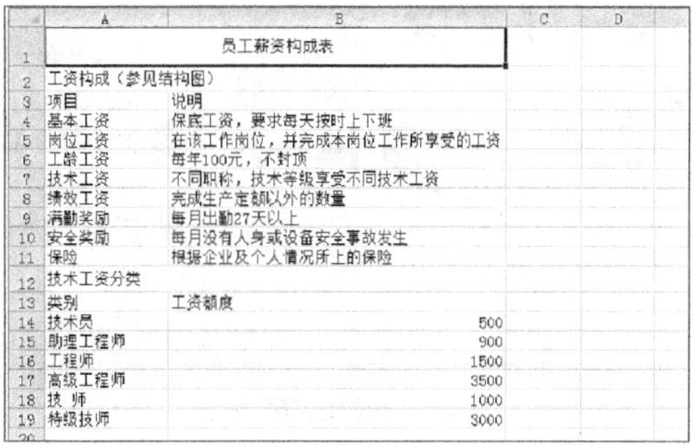

	A	B
1	员工薪资构成表	
2	工资构成（参见结构图）	
3	项目	说明
4	基本工资	保底工资，要求每天按时上下班
5	岗位工资	在该工作岗位，并完成本岗位工作所享受的工资
6	工龄工资	每年100元，不封顶
7	技术工资	不同职称，技术等级享受不同技术工资
8	绩效工资	完成生产定额以外的数量
9	满勤奖励	每月出勤27天以上
10	安全奖励	每月没有人身或设备安全事故发生
11	保险	根据企业及个人情况所上的保险
12	技术工资分类	
13	类别	工资额度
14	技术员	500
15	助理工程师	900
16	工程师	1500
17	高级工程师	3500
18	技 师	1000
19	特级技师	3000

图7-3 调整布局

STEP 3 参考提供的效果文件，对表格的标题、栏目、项目、记录的格式进行适当设置，如图7-4所示。

STEP 4 选择B14:B19单元格区域，打开“设置单元格格式”对话框，设置数据格式为“数值、2位小数”，选中“使用千位分隔符”复选框，并进行左对齐，效果如图7-5所示。

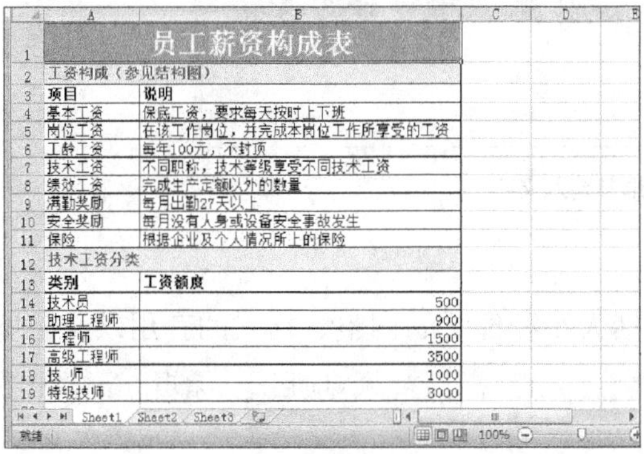

	A	B
1	员工薪资构成表	
2	工资构成（参见结构图）	
3	项目	说明
4	基本工资	保底工资，要求每天按时上下班
5	岗位工资	在该工作岗位，并完成本岗位工作所享受的工资
6	工龄工资	每年100元，不封顶
7	技术工资	不同职称，技术等级享受不同技术工资
8	绩效工资	完成生产定额以外的数量
9	满勤奖励	每月出勤27天以上
10	安全奖励	每月没有人身或设备安全事故发生
11	保险	根据企业及个人情况所上的保险
12	技术工资分类	
13	类别	工资额度
14	技术员	500
15	助理工程师	900
16	工程师	1500
17	高级工程师	3500
18	技 师	1000
19	特级技师	3000

图7-4 设置数据格式（1）

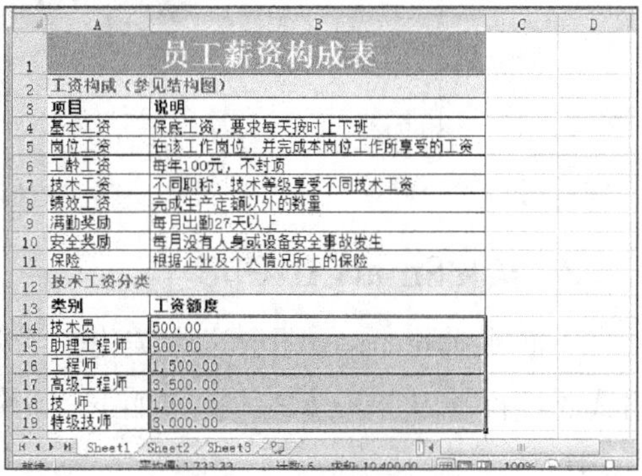

	A	B
1	员工薪资构成表	
2	工资构成（参见结构图）	
3	项目	说明
4	基本工资	保底工资，要求每天按时上下班
5	岗位工资	在该工作岗位，并完成本岗位工作所享受的工资
6	工龄工资	每年100元，不封顶
7	技术工资	不同职称，技术等级享受不同技术工资
8	绩效工资	完成生产定额以外的数量
9	满勤奖励	每月出勤27天以上
10	安全奖励	每月没有人身或设备安全事故发生
11	保险	根据企业及个人情况所上的保险
12	技术工资分类	
13	类别	工资额度
14	技术员	500.00
15	助理工程师	900.00
16	工程师	1,500.00
17	高级工程师	3,500.00
18	技 师	1,000.00
19	特级技师	3,000.00

图7-5 设置数据类型（2）

2．创建SmartArt图形

下面创建SmartArt图形，并通过调整结构和输入文字来直观地体现薪资构成等信息，其具体操作如下。（🎬拓展微课：光盘\微课视频\项目七\插入SmartArt图形.swf）

STEP 1 在【插入】/【插图】组中单击"SmartArt"按钮，打开"选择 SmartArt 图形"对话框。

STEP 2 在对话框左侧的列表中选择"层次结构"选项卡，在右侧的列表中选择"组织结构图"选项，单击 确定 按钮，如图7-6所示。

STEP 3 此时在文档中插入组织结构图，单击左侧的 按钮，展开文本窗格，将鼠标指针定位到如图7-7所示的位置，按两次【BackSpace】键，删除第二层的图形。

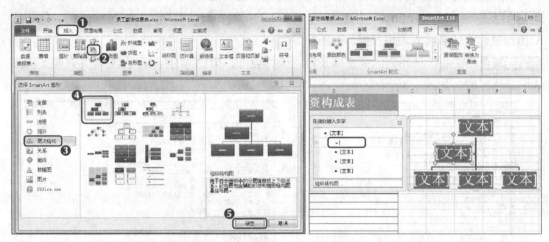

图7-6　选择组织结构图　　　　　　　　图7-7　插入组织结构图

STEP 4 将鼠标指针定位到"文本窗格"的最后一行文本上，按5次【Enter】键，此时将添加同一层级的5个图形，在"文本窗格"中输入文本，效果如图7-9所示。

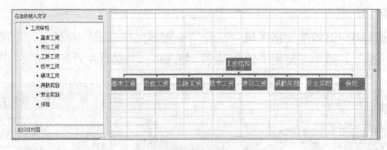

图7-8　插入图形并输入文字

3．美化SmartArt图形

下面将对SmartArt图形进行美化，主要包括大小和位置的调整、格式的套用以及字体格式的设置等内容，其具体操作如下。（🎬拓展微课：光盘\微课视频\项目七\编辑SmartArt图形.swf）

STEP 1 选择SmartArt图形，在【SmartArt工具】/【设计】/【SmartArt样式】组的快速样

式列表框中选择"白色轮廓"样式。

STEP 2 单击"更改颜色"按钮🎨，在弹出的下拉列表中选择"彩色-强调文字颜色"选项，如图7-9所示。

STEP 3 选择最上方的图形，将字体格式设置为"18、加粗"，并调整图形的大小以适应文字，如图7-10所示。

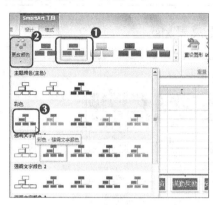

图7-9 应用格式

图7-10 调整字体和大小

STEP 4 在文本窗格中，拖动鼠标选择下层级的所有文本，将字体设置为"加粗，11"，如图7-11所示。

STEP 5 在【SmartArt工具】/【格式】/【形状】组中单击 更改形状 按钮，在弹出的下拉列表中选择"减去对角的矩形"选项，如图7-12所示。

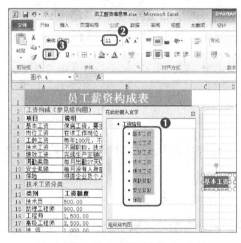

图7-11 设置文本格式

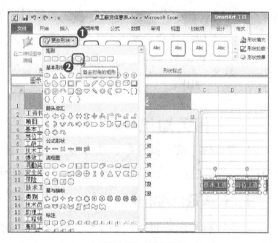

图7-12 更改形状

任务二 编制"工资汇总表"

工资汇总表可以将员工所得薪酬的所有数据汇总显示，包括工资总额以及工资各构成部分的数额，同时可以对工资汇总表中的各条记录进行排序、筛选，提高公司监控员工工资的效率。

一、任务目标

老张要求小白对公司的员工工资进行汇总，以便相关管理人员进行管理并提交上级部门进行核实。本任务的关键在于确保审核工资总和公式的正确性以及调整表格数据的排列方式。本任务完成后的最终效果如图7-13所示。

效果所在位置 光盘:\效果文件\项目七\工资汇总表.xlsx

工资汇总表

姓名	工龄工资	基本工资	全勤奖	岗位技能工资	特殊贡献奖	奖金	工资总和
冯顺天	200.0	1500.0		1200.0		150.0	3050.0
任芳	300.0	1500.0		800.0		100.0	2700.0
刘明华	300.0	2000.0		1200.0	100.0	150.0	3750.0
李健	400.0	2000.0		800.0		200.0	3400.0
宋燕	300.0	2000.0		1200.0	500.0	100.0	4100.0
张涛	400.0	2000.0	200.0	800.0		200.0	3600.0
张晗	200.0	1500.0	200.0	800.0		100.0	2800.0
罗嘉良	500.0	2000.0	200.0	800.0		200.0	3700.0
周韵	200.0	2500.0	200.0	1000.0		100.0	4000.0
姜丽丽	300.0	2000.0		1200.0		150.0	3650.0
郭子明	300.0	1500.0		1000.0	200.0	200.0	3200.0
黄雪琴	200.0	2000.0		1200.0		150.0	3550.0

| ▶ H | Sheet1 / Sheet2 / Sheet3 / ◁ | | 100% ⊝ | ⊕ |

图7-13 "工资汇总表"最终效果

工资汇总直接影响公司和员工的利益，如果汇总出错，要么损害员工的应得利益，要么给公司造成额外开支。因此，制作工资汇总表时一定要返回核查数据的正确性与公式的正确性，通过养成良好的检查习惯，确保数据不会出错。

职业素养

二、相关知识

公式审核、按笔画排序、按行排序功能的使用，是完成本任务必须涉及的相关操作，因此在执行任务之前，有必要了解这几项知识的作用。

1．什么是公式审核

公式审核可以检查工作表中公式应用的准确性，它参考相同区域中公式的引用区域等因素，对这些区域的公式一致性进行对比、分析，并可显示公式引用的单元格区域以及该单元格从属的其他公式。

● **错误检查：** 此功能可以检查表格中是否存在错误公式，若存在，将打开对话框显示错误的公式以及错误的原因，如图7-14所示。单击该对话框中的 选项(O)... 按钮，还可在打开的"Excel 选项"对话框中设置错误检查的规则，如图7-15所示。

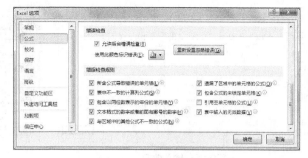

图7-14 显示错误　　　　　　　　图7-15 设置错误检查规则

- **追踪引用单元格**：此功能可以显示公式所在单元格中引用了哪些单元格，并将在引用的单元格上显示蓝色的箭头，方向指向公式所在的单元格，以便直观地查看公式引用正确与否。

- **追踪从属单元格**：此功能可以显示公式所在单元格是否是其他单元格的引用单元格，若是，将显示蓝色箭头并指向该单元格。

2．认识按笔画排序和按行排序

Excel不仅可以按数据记录的大小进行排序、按自定义的方式进行排序，还可按中文笔画排序以及按行（项目）排序，以使表格数据的管理变得更加灵活自如。

- **按笔画排序**：此功能可以按照中文笔画的多少对数据记录进行排序，适用于姓名、地址等中文内容的数据记录。

- **按行排序**：此功能可以调整表格项目的先后顺序，但需要借助辅助排序的数据，当排序完成后，需要手动将这些数据删除，以免影响表格内容。

三、任务实施

1．创建并设置数据

完成本任务首先需要创建Excel工作簿，然后依次输入数据并设置数据和单元格格式，其具体操作如下。

STEP 1 启动Excel 2010，将新建的工作簿以"工资汇总表"为名进行保存，然后在A1:H14单元格区域中输入标题、项目等数据，如图7-16所示。

STEP 2 选择A1:H1单元格区域，在【开始】/【对齐方式】组中单击 合并后居中 按钮，在"样式"组中单击 单元格样式 按钮，在弹出的下拉列表中选择"强调文字颜色1"选项，并在"字体"组中将字体格式设置为"20、加粗"。

STEP 3 选择A2:H2单元格区域，在"样式"组中单击 单元格样式 按钮，在弹出的下拉列表中选择"40%-强调文字颜色3"选项，并设置字体格式为"加粗，居中"。

STEP 4 选择A3:H14单元格区域，将字体格式设置为"10、左对齐"；将B3:H14单元格区域的数据类型设置为"数值、1位小数"；最后为所有数据区域添加"所有框线"样式的边框，效果如图7-17所示。

工资汇总表

姓名	基本工资	岗位技能工资	工龄工资	奖金	全勤奖	特殊贡献奖	工资总和
李健	2000	800	400	200			
宋燕	2000	1200	300	100		500	
张暗	1500	800	200	100	200		
姜丽丽	2000	1200	300	150			
周韵	2500	1000	200	100	200		
罗嘉良	2000	800	500	200	200		
黄雪琴	2000	1200	200	150			
郭子明	1500	1000	300	200		200	
冯顺天	1500	1200	200	150			
任芳	1500	800	200	100			
张涛	2000	800	400	200	200		
刘明华	2000	1200	300	150		100	

图7-16 输入数据

工资汇总表

姓名	基本工资	岗位技能工资	工龄工资	奖金	全勤奖	特殊贡献奖
李健	2000.0	800.0	400.0	200.0		
宋燕	2000.0	1200.0	300.0	100.0		500.0
张皓	1500.0	800.0	200.0	100.0	200.0	
姜丽丽	2000.0	1200.0	300.0	150.0		
周韵	2500.0	1000.0	200.0	100.0	200.0	
罗嘉良	2000.0	800.0	500.0	200.0	200.0	
黄雪琴	2000.0	1200.0	200.0	150.0		
郭子明	1500.0	1000.0	300.0	200.0		200.0
冯顺天	1500.0	1200.0	200.0	150.0		
任芳	1500.0	800.0	200.0	100.0		
张涛	2000.0	800.0	400.0	200.0	200.0	
刘明华	2000.0	1200.0	300.0	150.0		100.0

图7-17 设置数据格式

2．应用并审核公式

下面将在表格中使用公式，为确保公式引用无错误，还需要对公式进行审核，然后显示其引用单元格的位置，其具体操作如下。

STEP 1 选择H3:H14单元格区域，在【公式】/【数据库】组中单击 **Σ 自动求和** 按钮，程序将自动计算数据并返回结果，如图7-18所示。

STEP 2 在"公式审核"组中单击 **错误检查** 按钮，打开提示对话框，表示没有检查到错误，单击 **确定** 按钮，如图7-19所示。

图7-18 计算总工资

图7-19 进行错误检查

STEP 3 选择H6单元格，在"公式审核"组中单击 **追踪引用单元格** 按钮，此时将通过蓝色箭头和蓝色边框显示该公式引用的单元格区域，如图7-20所示。

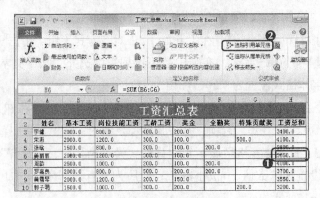

图7-20 追踪引用单元格

3．排列数据记录

接下来将对表格数据记录进行排序，包括按姓名笔画排序，并调整项目的显示顺序，其具体操作如下。（拓展微课：光盘\微课视频\项目七\进行数据排序.swf）

STEP 1 选择A3单元格，在【数据】/【排序和筛选】组中单击"排序"按钮，打开"排序"对话框。设置"姓名"为主要关键字，单击 选项(O) 按钮，在打开的"排序选项"对话框中单击选中"笔画排序"单选项，依次单击 确定 按钮，如图7-21所示。

STEP 2 此时将按照"姓名"项目中文字笔画的多少进行升序排序，如图7-22所示。

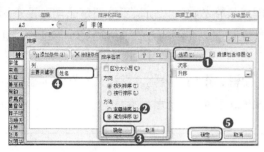

图7-21　按笔画排序　　　　　　　　　　　图7-22　排序结果

STEP 3 在B15:G15单元格区域中输入排序依据的数据，如图7-23所示。

STEP 4 选择B2:H15单元格区域，打开"排序"对话框，单击 选项(O) 按钮，打开"排序选项"对话框，单击选中"按行排序"单选项，单击 确定 按钮后在"排序"对话框的"主要关键字"下拉列表框中选择"行15"选项，最后单击 确定 按钮，如图7-24所示。

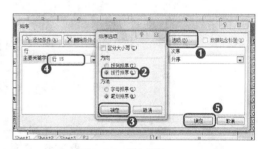

图7-23　输入排序依据　　　　　　　　　　图7-24　按行排序

STEP 5 此时将按照输入的排序依据数据从小到大排列项目的位置，确认无误后删除无用的排序依据数据，如图7-25所示。

姓名	工龄工资	基本工资	全勤奖	岗位技能工资	特殊贡献奖	奖金	工资总和
马顺天	200.0	1500.0		1200.0		150.0	3050.0
任芳	300.0	1500.0		800.0		100.0	2700.0
刘明华	300.0	2000.0		1200.0	100.0	150.0	3750.0
李健	400.0	2000.0		800.0		200.0	3400.0
宋燕	300.0	2000.0		1200.0	500.0	100.0	4100.0
张涛	400.0	2000.0	200.0	800.0		200.0	3600.0
张晗	200.0	1500.0	200.0	800.0		100.0	2800.0
罗嘉良	500.0	2000.0		800.0		200.0	3700.0
周韵	200.0	2500.0	200.0	1000.0		100.0	4000.0
姜丽丽	300.0	2000.0		1200.0		150.0	3650.0
郭子明	300.0	1500.0		1000.0	200.0	200.0	3200.0
黄雪琴	200.0	2000.0		1200.0		150.0	3550.0

图7-25　删除数据并调整表格

知识提示　　按项目排序后应养成检查包含公式结果的单元格的习惯，有时由于位置的变化超出了相对引用的范围，结果就会出错。因此实际工作中，可先确定好项目的位置后，再进行公式计算。

实训一　制作"部门工资构成"表格

【实训目标】

公司某部门需要将员工的工资构成情况整理成表格数据，以便员工能清楚公司对工资调整所做的相关规定。老张要求小白将工资构成情况整理成图示的方式以清晰反映其结构，让员工了解自己所得薪酬的构成情况。

完成本实训需要熟悉SmartArt图形的创建、编辑、布局、美化，以及文本框的创建、设置、美化等操作。本实训完成后的最终效果如图7-26所示。

 效果所在位置 光盘:\效果文件\项目七\部门工资构成.xlsx

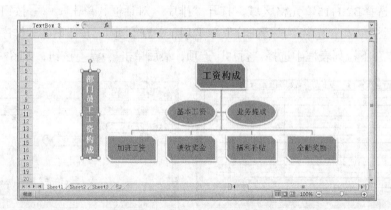

图7-26　"部门工资构成"最终效果

【专业背景】

不同企业实行不同的薪资结构，即便同一个企业或公司，在不同的部门中也会根据实际情况采用不同的薪资结构。对于一般公司而言，员工的薪资以月薪制、计件制、日薪制或年薪制居多。

无论是月薪制、计件制、日薪制还是年薪制，都是按工资结构实行的薪资制度，又叫结构工资制，这是在企业内部工资改革探索中建立的一种新工资制度。

【实训思路】

本实训的制作过程主要包括SmartArt图形的创建和文本框的创建两大部分，涉及对象的编辑、设置、美化等内容。其操作思路如图7-27所示。

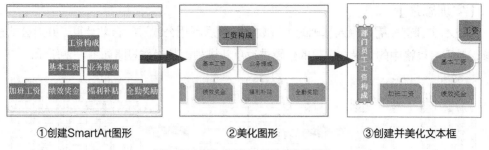

①创建SmartArt图形　　　　②美化图形　　　　③创建并美化文本框

图7-27　制作"部门工资构成"的思路

【步骤提示】

STEP 1　创建SmartArt中"层次结构"中的"组织结构图",在第二层添加一个图形。

STEP 2　更改SmartArt图形的的版式、格式、位置和大小,并美化图形中的文本格式。

STEP 3　创建竖排文本框,输入文本后设置文本格式和文本框自身的格式。

实训二　制作"员工工资表"

【实训目标】

公司月底需要汇总员工的薪资福利等数据,以便按时发放工资。老张安排小白制作"员工工资表",完成后将统计的数据交给财务部。

完成本实训需要掌握公式的使用与审核操作,并能轻松控制表格记录或项目的排列顺序。本实训完成后的最终效果如图7-28所示。

　效果所在位置　光盘:\效果文件\项目七\员工工资表.xlsx

图7-28　"员工工资表"最终效果

【专业背景】

无论企业或公司属于哪种性质、员工从事哪些工种,只要企业采用结构工资制来核算员工工资,其工资制的内容和构成一般都包括基本工资、岗位工资或技能工资、效益工资、浮动工资、工龄工资等。

【实训思路】

完成本实训首先需要输入基础的工资数据，然后利用公式进行自动计算，并对公式进行审核，最后对表格中的记录和项目的位置进行重新排列。其操作思路如图7-29所示。

①输入数据　　　　②输入并审核公式　　　　③排列表格数据

图7-29　制作"员工工资表"的思路

【步骤提示】

STEP 1　新建工作簿，输入表格标题、项目和各条记录中的姓名、部门、基本工资、提成、社保扣除、考勤扣除、加班天数、加班系数等数据。

STEP 2　适当美化数据格式，包括单元格区域的合并、对齐方式、字体、字号、底纹和边框等属性。

STEP 3　输入公式计算数据，其中"加班工资=加班天数×加班系数"，"应发工资=基本工资+加班工资+提成−社保扣除−考勤扣除"。

STEP 4　审核两个公式的正确性，显示其引用单元格和从属单元格。

STEP 5　按姓名笔画从繁到简（降序）的顺序排列记录，然后将项目中的"加班工资"和"提成"两个项目的位置对调（利用按行排序的方法）。

常见疑难解析

问：如果表格中的记录同时含有大写和小写的英文字母时，能否通过排序将大写字母排列在相同的小写字母前面呢？

答：可以。选择需进行排序的数据，在【数据】/【排序和筛选】组中单击"排序"按钮，在打开的"排序选项"对话框中单击选中在"主要关键字"栏中设置排序依据和排序方式，然后单击 选项(O)... 按钮，在打开的对话框中单击选中"区分大小写"复选框，确认设置即可。

问：为什么按行排序时，不能得到想要的效果，项目位置要么不发生变化，要么就不按预期排列？

答：出现这种情况的原因有多种，如排序依据出现问题、排列方式出错等。使用按行排序其实很简单，只要按照以下几点操作就能实现：首先在需要进行排列的项目下方输入数据，数据大小决定项目位置，然后选择这些数据、项目以及项目下方包含的所有数据，接着执行按行排序操作，并在"主要关键字"栏中选择输入的数据所在行即可。

问：能不能通过公式审核的方法检查出引用了空单元格的情况？

答：可以。打开"Excel 选项"对话框，在左侧的列表中选择"公式"选项卡，在右侧的"错误检查规则"栏中单击选中"引用空单元格的公式"复选框并确认设置，然后进行公式审核操作即可。

拓展知识

1．认识公式中的各种运算符

运算符是公式和函数中必不可少的组成部分，Excel的运算符包括算术运算符、比较运算符、文本连接运算符、引用运算符几种类型。

● **算术运算符**：这是最常见的运算符，主要用于基本的数学运算、合并数字或生成数值结果等，包括"+"、"-"、"*"、"/"、"^"（乘方）、"%"等。

● **比较运算符**：用于比较两个值的大小，并返回逻辑值"TRUE"或"FALSE"，包括"="、"<"、">"、"<="、">="、"<>"（不等于）等。

● **文本连接运算符**：可以连接一个或多个文本字符串，并生成一段文本，"&"符号便是文本连接运算符，如"1"&"元"可生成"1元"。

● **引用运算符**：主要用于对单元格区域进行合并计算，包括":"、空格、","等，如SUM(A3:B3)便使用了引用运算符以进行求和计算。

2．公式的运算次序

公式中各参数的运算次序不同，将直接导致得到不同的结果，因此了解并控制公式的运算次序非常必要。默认情况下，Excel中的公式将按照每个运算符的特定次序从左到右进行计算，需要时可利用括号来调整顺序。Excel中的运算符优先级别如图7-30所示，当公式中含有若干运算符时，便将按照图示中的顺序进行计算，当运算符属于同一优先级别时，按照从左到右的顺序计算。

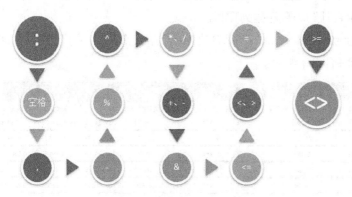

图7-30　运算符的优先级别

课后练习

效果所在位置 光盘:\效果文件\项目七\工资项目梯度.xlsx、奖金福利汇总表.xlsx

（1）请按照公司的工资管理要求，将员工工资项目的梯度信息通过组织结构图展现出来，参考效果如图7-31所示，相关要求及操作提示如下。

● 创建层级关系中的"水平组织结构图"，删除第2层级的图形，在第3层级添加下属图形。

● 调整图形大小，并更改SmartArt图形的颜色为"深色2轮廓"。

● 依次在各图形中输入需要的内容，并将字号放大和加粗显示，最后将体现梯度的关键字标红显示。

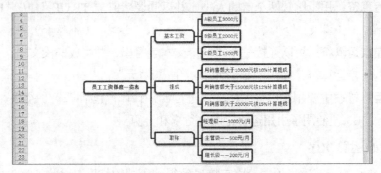

图7-31　"薪资项目梯度图"效果

（2）创建如图7-32所示的职工奖金福利汇总表，相关要求及操作提示如下。

● 输入表格标题、项目和部分记录数据，格式请参考配套光盘中的效果文件。

● 按职工姓名的笔画多少进行升序排列。

● 按"姓名、生产数量、产品合格数量、省料量、产品合格率、合格率奖金、省料奖金、奖金合计"的顺序排列项目。

● 省料奖金=省料量×0.5；产品合格率=产品合格数量/生产数量×100%；奖金合计=省料奖金+合格率奖金。

职工奖金福利汇总表							
姓名	生产数量（件）	省料量（千克）	省料奖金	产品合格数量（件）	产品合格率	合格率奖金	奖金合计
高国民	34220	1428	714	28250	0.82554062	825.5406195	1539.54062
赵新强	31320	1581	790.5	24170	0.771711367	771.7113665	1562.211367
周丹丹	29580	1700	850	21620	0.730899256	730.8992563	1580.899256
李婷婷	37120	1496	748	36410	0.980872845	980.8728448	1728.872845
李红	49300	918	459	42840	0.868965517	868.9655172	1327.965517
张晓光	40600	1275	637.5	36410	0.89679803	896.7980296	1534.29803
宋勤建	57420	918	459	47540	0.827934518	827.9345176	1286.934518

图7-32　"奖金福利汇总表"效果

PART 8

项目八
生产控制

情景导入

为了拓宽自己的业务知识，小白申请到工厂了解生产情况，在去之前老张给她介绍了相关的生产过程，并告诉她可利用Excel对生产进行有效的控制，小白想，原来Excel的功能是如此强大和实用。

知识技能目标

- 了解规划求解的作用和实用范围。
- 掌握规划求解的加载方法。
- 熟悉并掌握规划求解的应用。
- 熟悉模拟运算的单变量和双变量求解的操作。

- 了解公司订单的基本运作流程。
- 掌握最小成本的计算方法以及机器功率与产量之间关系的确定方法。

项目流程对应图

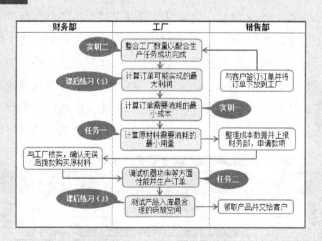

任务一 制作"最小成本规划表"

企业在落实生产之前，会对接到的订单的相关费用进行核算，如成本、费用、利润等。通过精确的核算，可对订单生产时各方面的控制参数一目了然，以便尽可能地降低成本并扩大利润。

一、 任务目标

公司接到了一批订单，在落实生产前，需要对生产成本进行核算，力求以最小成本取得最大的效益。小白在老张的指引下，开始着手这一任务。图8-1所示为通过计算得到的最小成本规划表。

效果所在位置 光盘:\效果文件\项目八最小成本规划表.xls

最小成本规划表						
	产品A	产品B			产品A	产品B
单位时间（分钟/件）	1.0	1.5		产量（件/天）	100	253.3
单位成本（元/件）	50.0	65.0		劳动时间（分钟/天）	480.0	
最少产量（件/天）	100	100		生产成本（元/天）	21466.7	
最大成本（元）	50000.0					
可用劳动时间（分钟/天）	480					

图8-1　"最小成本规划表"最终效果

二、 相关知识

计算生产成本时需要利用Excel的规划求解功能，初学者可能不了解该功能，因此下面将对规划求解的相关知识做简单介绍。

1. 认识规划求解

规划求解是Excel中的一个加载宏，它可以计算某个单元格（称目标单元格）中公式的最佳值。规划求解功能通过调整所指定的可更改的单元格（称可变单元格）中的值，并从目标单元格公式中求得所需的结果。在创建模型过程中，可以对规划求解模型中的可变单元格数值应用约束条件，通过将约束条件应用于可变单元格、目标单元格或其他与目标单元格直接或间接相关的单元格，从而控制最佳值的求解范围。因此，使用规划求解功能时，需要确定可变单元格、约束条件单元格、目标单元格。图8-2所示为它们的作用和含义。

模型：假设销售利润与销售额相关、销售额的多少又在一定程度上依靠广告费的投入					
	第1季度	第2季度	第3季度	第4季度	全年
成本	固定	固定	固定	固定	
广告费		各季度广告费为可变单元格，但总和不能高于预算			已预算
销售额					与广告宣传相关
利润		最大利润为目标单元格，成本固定时，与广告费和销售额相关			最大利润

图8-2　可变单元格、约束条件单元格和目标单元格

2．规划求解的应用范围

规划求解是Excel中的一个非常有用的工具，该工具不仅可以解决运筹学、线性规划等问题，还可以用来求解线性方程组及非线性方程组。实际工作中，使用规划求解优化问题最为常见，如财务管理中涉及的最大利润、最小成本、最优投资组合、目标规划、线性回归及非线性回归等优化问题，如图8-3所示。

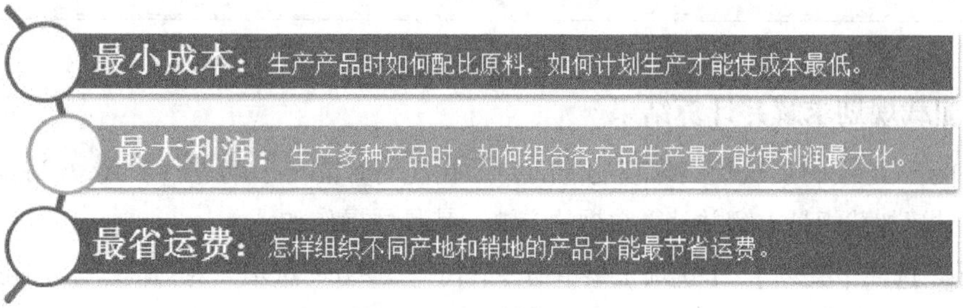

最小成本： 生产产品时如何配比原料，如何计划生产才能使成本最低。

最大利润： 生产多种产品时，如何组合各产品生产量才能使利润最大化。

最省运费： 怎样组织不同产地和销地的产品才能最节省运费。

图8-3　规划求解的应用范围

职业素养　　当使用Excel来解决实际问题时，一定要保证数据来源是根据实际工作环境所得，而不是随意编造的，以避免产生错误的结果。

三、任务实施

1．创建规划求解模型

在工作簿中创建数据模型，包括各种已知和未知的数据，如单位时间、单位成本、最少产量、最大成本等，其具体操作如下。

STEP 1　新建工作簿并以"最小成本规划表"为名进行保存，然后参考如图8-4所示的内容输入并美化数据。

STEP 2　继续在工作簿中创建需要求解的数据，包括产量、劳动时间、生产成本等，如图8-5所示。

图8-4　创建已知数据 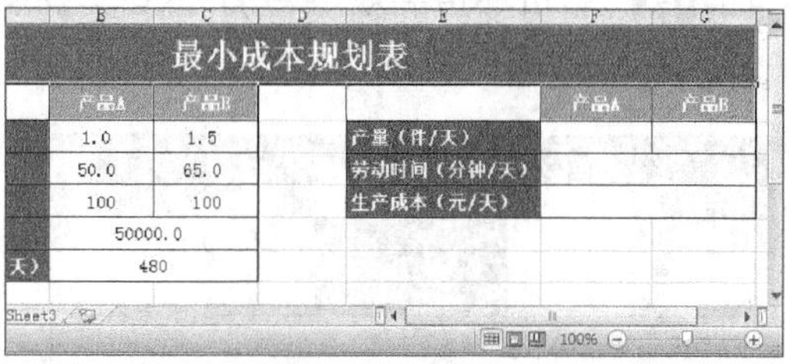　　　　　　　图8-5　创建未知数据

STEP 3　选择F4单元格，在编辑栏中输入公式"=F3*B3+G3*C3"，按【Enter】键确认，如图8-6所示。

STEP 4　选择F5单元格，在编辑栏中输入公式"=F3*B4+G3*C4"，按【Enter】键确

认，如图8-7所示。

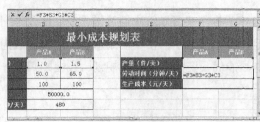

图8-6 计算劳动时间

图8-7 计算生产成本

2. 加载规划求解并计算结果

Excel默认是没有加载规划求解功能的，因此使用时需要手动进行加载，然后再进行计算。下面讲解加载规划求解并计算数据的方法，其具体操作如下。

STEP 1 选择【文件】/【选项】菜单命令，打开"Excel 选项"对话框，在左侧选择"加载项"选项卡，在右侧的面板中单击 转到(G)... 按钮，打开"加载宏"对话框。在列表框中单击选中"规划求解加载项"复选框，然后单击 确定 按钮，如图8-8所示。

STEP 2 此时Excel将开始自动加载规划求解，在【数据】/【分析】组中单击 规划求解 按钮，如图8-9所示。

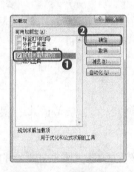

图8-8 加载规划求解

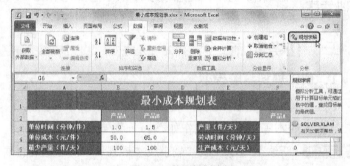

图8-9 使用规划求解

STEP 3 打开"规划求解参数"对话框，将目标单元格设置为"$F$5"（即生产成本对应的单元格），单击选中"最小值"单选项，如图8-10所示。

STEP 4 将可变单元格设置为"$F$3:$G$3"，单击 添加(A) 按钮添加约束条件，如图8-11所示。

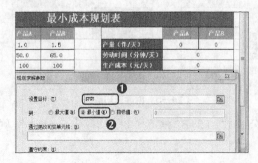

图8-10 设置目标单元格

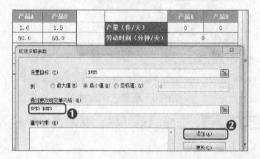

图8-11 设置可变单元格

STEP 5 打开"添加约束"对话框，设置约束条件为"$\$F\$3>=\$B\$5$"，即A产品产量不得低于100件，然后单击 添加(A) 按钮，如图8-12所示。

STEP 6 继续设置约束条件为"$\$G\$3>=\$C\$5$"，即B产品产量也不得低于100件，单击 添加(A) 按钮，如图8-13所示。

图8-12 约束A产品产量

图8-13 约束B产品产量

STEP 7 设置约束条件为"$\$F\$4=\$B\$7$"，即劳动时间为480分钟/天，单击 添加(A) 按钮，如图8-14所示。

STEP 8 设置约束条件为"$\$F\$5<=\$B\$6$"，即生产成本不得高于50 000元/天，单击 确定(O) 按钮，如图8-15所示。

图8-14 约束劳动时间

图8-15 约束生产成本

STEP 9 返回"规划求解参数"对话框，单击 求解(S) 按钮，如图8-16所示。

STEP 10 打开"规划求解结果"对话框，提示找到结果，且工作簿的相应单元格中会同步显示结果数据，单击 确定 按钮即可，如图8-17所示。

图8-16 规划求解

图8-17 确认求解

任务二 制作"机器功率测试表"

一、任务目标

老张需要对工厂最近引进的一批新机器进行测试，调试其最佳功率来达到最大产量，小白也被安排到老张身边帮忙，她希望在老张工作时学到相关的知识。本任务完成后的最终效果如图8-18所示。

效果所在位置　光盘:\效果文件\项目八\机器功率测试表.xlsx

机器功率测试表			
功率	工作时间	单位成本	产量
3000	8	80	1737.14
不同功率	产量		
	1737.14		
2500	594.29		
2600	822.86		
2700	1051.43		
2800	1280.00		
2900	1508.57		
3100	1965.71		
3200	2194.29		
3300	2422.86		
3400	2651.43		
3500	2880.00		

图8-18　"机器功率测试表"最终效果

二、相关知识

在Excel中可利用模拟运算计算在1个或2个数据变化的情况下，与其相关的数据的变化情况。下面对模拟运算的单变量求解和双变量求解知识进行简单介绍。

1. 单变量求解

单变量求解指只有一个相关数据发生变化的情况。执行单变量求解的方法为：创建数据之间的关系，然后输入某个变化数据的各个变化范围，最后利用模拟运算表功能引用变化的数据并计算即可。

2. 双变量求解

双变量求解顾名思义就是有两个相关数据同时发生变化。其使用方法与单变量求解类似，关键要创建出数据与变量之间的关系，然后依次输入双变量的各个数据变化范围，最后利用模拟运算表引用这两个变量数据并计算即可。

三、任务实施

1. 创建数据域变量的关系

下面通过公式创建机器功率与产量之间的关系，其具体操作如下。

STEP 1 新建并保存工作簿"机器功率测试表.xlsx"，在A1:D3单元格区域中输入并美化相关数据，包括机器的功率、工作时间、单位成本等，如图8-19所示。

STEP 2 在D3单元格中输入公式"=A3*B3/3.5-C3*B3*8"，建立产量与功率的关系，如图8-20所示。

图8-19 输入数据 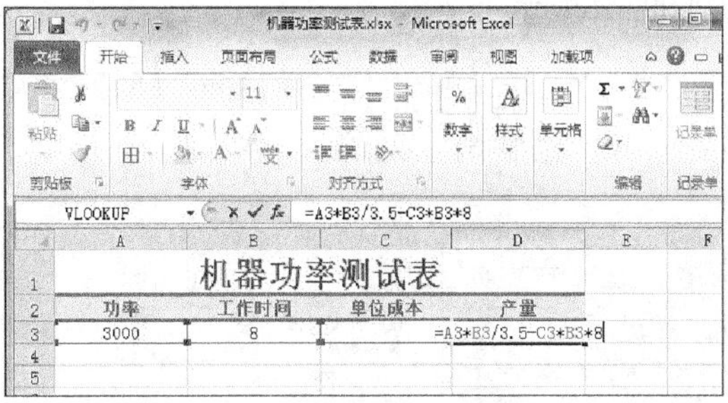　　　　　　　　　　　图8-20 输入公式

2. 单变量求解计算

接下来通过模拟运算表实现在功率变化的情况下，自动计算其对应的产量数据，其具体操作如下。（◎拓展微课：光盘\微课视频\项目八\单变量求解.swf）

STEP 1 在A5:B16单元格区域中输入并美化数据，如图8-21所示。

STEP 2 在B6单元格中输入假设公式"=A3*B3/3.5-C3*B3*8"，如图8-22所示。

图8-21 输入数据 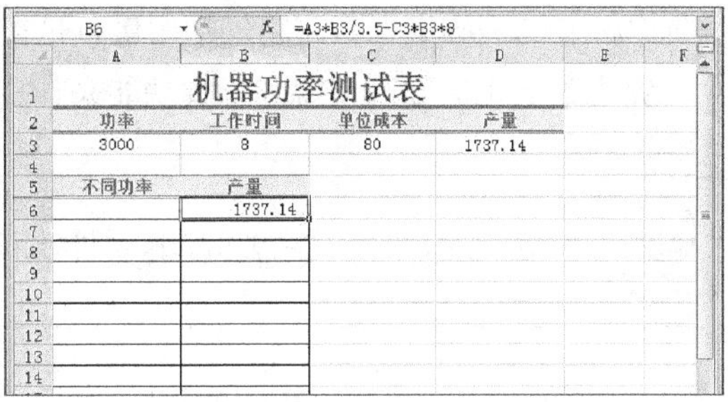　　　　　　　　　　　图8-22 输入公式

STEP 3 在A7:A16单元格区域中输入各种不同的功率数据，如图8-23所示。

STEP 4 选择A6:B16单元格区域，在【数据】/【数据工具】组中单击 模拟分析 按钮，在弹出的下拉列表中选择"模拟运算表"选项，如图8-24所示。

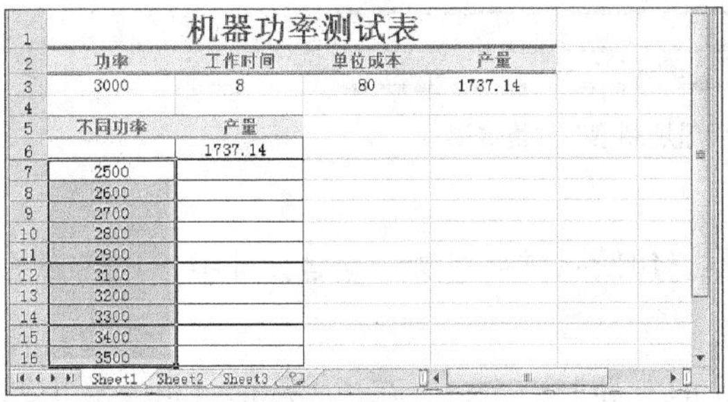

图8-23 输入数据　　　　　　　　　　　图8-24 选择命令

STEP 5 打开"模拟运算表"对话框，在"输入引用列的单元格"文本框中指定功率所在的单元格为"$A$3"，单击 确定 按钮，如图8-25所示。

STEP 6 此时B6:B16单元格区域中将自动模拟运算出相应功率数据下机器的产量数据，如图8-26所示。

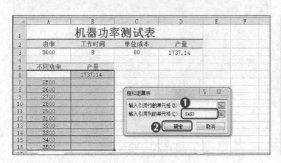

图8-25 输入数据　　　　　　　　　　　　　　图8-26 选择命令

实训一 制作"原材料最小用量规划表"

【实训目标】

老张要求小白对制作完成的订单涉及的原材料进行计算，求出最小用量，以便在A、B两种原材料的基础上，确定它们的用量各是多少。

完成本实训需要利用规划求解功能来计算，效果如图8-27所示。

　效果所在位置　光盘:\效果文件\项目八\原材料最小用量规划表.xlsx

图8-27 "原材料最小用量规划表"最终效果

【专业背景】

原材料是生产过程中非常重要的元素，它不仅包括原材料本身，也是会计中入账的必备元素。原材料即原料和材料的统称。

原料一般指来自矿业、农业、林业、牧业、渔业等流域的原生态产品。而材料一般指经过了一定加工的原料，如原木属于原料，将其加工为木板后就成为了材料。

【实训思路】

制作本实训时，首先应确定目标单元格、可变单元格、约束条件单元格，然后在工作簿中创建数据模型，最后利用规划求解计算数据。其操作思路如图8-28所示。

①建立数据模型　　　　　　　　　　　　　②规划求解

图8-28　制作"原材料最小用量规划表"的思路

【步骤提示】

STEP 1　新建工作簿并保存，创建包括各原材料的成本、每日最少用量、每日固定成本以及各原材料实际用量和每日实际成本等内容。

STEP 2　加载规划求解并执行该功能，将目标单元格设置为每日用量成本对应的单元格，可变单元格设置为两种原材料的实际用量对应的单元格。约束条件包括"A原材料用量>=200"、"B原材料用量>=100"、"每日实际用量成本=每日固定成本"。

STEP 3　计算规划求解并保存工作簿。

多学一招

同一个工作表中，当已经使用过规划求解时，"规划求解参数"对话框中将保留之前的设置，此时需要手动删除约束条件并重新添加。方法为：选择列表框中的约束条件选项，单击右侧的 删除(D) 按钮。

实训二　制作"人数与任务时间关系表"

【实训目标】

工厂需要组织工人单独对人数与任务时间的关系进行分析，以便确定如何分配时间和任务，以达到最高的效率。小白在老张的要求下，需要计算出工人数量与完成任务时间的关系，从而合理安排任务。

完成本实训需要使用到模拟运算的双变量求解功能，通过变化的工人数量和成本，得到不同的任务完成时间，并从中找到需要的数据。本实训完成后的效果如图8-29所示。

效果所在位置　光盘:\效果文件\项目八\人数与任务时间关系表.xlsx

	A	B	C	D	E
1	人数与任务时间关系表				
2	工人数量	单位效率（个）	劳动成本（元）	任务量（个）	完成时间（分钟）
3	15	20	1500	10000	4651.16
4					
5	不同人数	不同劳动成本			
6	4651.16	1300	1400	1600	1700
7	10	6046.51	6511.63	7441.86	7906.98
8	11	5496.83	5919.66	6765.33	7188.16
9	12	5038.76	5426.36	6201.55	6589.15
10	13	4651.16	5008.94	5724.51	6082.29
11	14	4318.94	4651.16	5315.61	5647.84
12	16	3779.07	4069.77	4651.16	4941.86
13	17	3556.77	3830.37	4377.56	4651.16
14	18	3359.17	3617.57	4134.37	4392.76
15	19	3182.37	3427.17	3916.77	4161.57

图8-29 “人数与任务时间关系表”最终效果

【专业背景】

工作时间又称劳动时间，是指法律规定的劳动者从事劳动的时间，它包括每日工作的小时数，每周工作的天数和小时数。工作时间是劳动者履行劳动义务的时间，工作时间不限于实际工作时间，其也是用人单位计发劳动者报酬依据之一。

工作时间主要分以下几类。

- **标准工作时间**：指法律规定的在一般情况下普遍适用的，按照正常作息办法安排的工作日和工作周的工时制度。
- **缩短工作时间**：指法律规定的在特殊情况下劳动者的工作时间长度少于标准工作时间的工时制度。
- **延长工作时间**：指超过标准工作日的工作时间，即日工作时间超过8小时，每周工作时间超过40小时。
- **不定时工作时间和综合计算工作时间**：又称不定时工作制，是指无固定工作时数限制的工时制度，适用于工作性质和职责范围不受固定工作时间限制的劳动者。
- **计件工作时间**：以劳动者完成一定劳动定额为标准的工时制度。

【实训思路】

制作本实训时，首先应创建出工人数量、成本、任务时间的关系，然后创建出双变量的变动范围数据，最后利用模拟运算表计算。其操作思路如图8-30所示。

工人数量	单位效率（个）	劳动成本（元）	任务量（个）
15	20	1500	10000
不同人数	不同劳动成本		
4651.16	1300	1400	1600
10			
11			
12			
13			
14			
16			
17			
18			
19			

①创建数据关系

工人数量	单位效率（个）	劳动成本（元）	任务量（个）
15	20	1500	10000
不同人数	不同劳动成本		
4651.16	1300	1400	1600
10	6046.51	6511.63	7441.86
11	5496.83	5919.66	6765.33
12	5038.76	5426.36	6201.55
13	4651.16	5008.94	5724.51
14	4318.94	4651.16	5315.61
16	3779.07	4069.77	4651.16
17	3556.77	3830.37	4377.56
18	3359.17	3617.57	4134.37
19	3182.37	3427.17	3916.77

②双变量求解

图8-30 制作“人数与任务时间关系表”的思路

【步骤提示】

STEP 1 新建并保存工作簿，输入工人数量、单位效率、劳动成本、任务量等基础数据。

STEP 2 使用公式"=D3/(A3*B3)*C3/10.75"建立任务完成时间与其他数据的关系。

STEP 3 创建不同人数和不同劳动成本的变动数据，并在左上角的单元格中继续利用公式"=D3/(A3*B3)*C3/10.75"计算完成时间。

STEP 4 选择相应的单元格区域，执行模拟运算表功能，行单元格引用劳动成本所在的单元格，列单元格引用工人人数所在的单元格，然后计算数据。

常见疑难解析

问：为什么规划求解得到的数据明显是错误的，比如为负值，或数值很大？

答：遇到这种情况，请检查创建的规划求解模型是否正确与合理，包括各种基础数据、公式等对象。一般来讲，当可以得到正确的结果时，"规划求解结果"对话框会提示找到唯一的解，否则也会提示未找到合理的答案等相关信息。

问：如何判断模拟运算表中需要引用的是行单元格还是列单元格呢？

答：如果变量数据所在的单元格区域按列排列时，则表示需要引用的是列单元格；如果是按行排列，则表明需要引用的是行单元格。

拓展知识

1．规划求解方法

在【数据】/【分析】组中单击 规划求解 按钮，打开"规划求解参数"对话框，在其中可选择3种求解方法，分别为"非线性GRG"、"单纯线性规划"、"演化"。其中，非线性GRG用于光滑非线性规划求解问题，单纯线性规划用于为线性规划求解问题，演化用于为非光滑规划求解问题。

2．保存规划求解模型

在"规划求解参数"对话框中单击 装入/保存(L) 按钮，为模型范围输入单元格区域，然后单击 保存(S) 按钮。在保存模型时，输入对要在其中放置问题模型的垂直空白单元格区域中第一个单元格的引用。通过保存工作簿，可以将在"规划求解参数"对话框中最后选择的内容随工作表一起保存。工作簿中的每个工作表可以拥有自己的规划求解选择，并且所有这些选择都会保存。

课后练习

 效果所在位置 光盘:\效果文件\项目八最大利润规划表.xlsx、产品入库测试表.xlsx

（1）已知两种产品的单位时间的生产个数、单位成本、单位毛利、每天最少产量、每天最大成本以及每天可用劳动时间，请规划出如何安排生产得到产品每天生产的最大利润。其效果如图8-31所示，相关要求及操作提示如下。

- 目标单元格即产品利润所在单元格；可变单元格为两种产品产量对应的单元格；约束条件单元格为产量、劳动时间、生产成本对应的单元格。
- 甲产品产量不能低于200。
- 劳动时间每天共600min。
- 生产成本不能超过10000元。

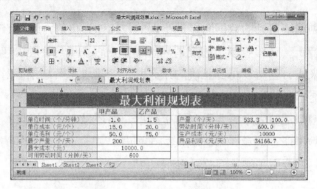

图8-31 "最大利润规划表"效果

（2）已知产品规格、不同码放标准、仓库空间，请测试在不同码放标准下，产品入库的码放数量。其效果如图8-32所示，相关要求及操作提示如下。

- 码放数量=仓库空间/（产品规格×码放标准）×100。
- 不同码放标准按列排列。
- 使用模拟运算表的单变量求解，引用列单元格计算不同标准下的码放数量。

图8-32 "产品入库测试表"效果

PART 9

项目九
进销存管理

情景导入

　　老张为小白安排了进销存管理的任务，以进一步锻炼她使用Excel解决实际问题的能力，主要包括处理企业或公司中有关商品进货、销售和入库等相关表格的制作与分析能力。

知识技能目标

- 熟悉并掌握宏的创建、编辑与应用方法。
- 了解方差分析、描述统计和直方图工具的使用。
- 掌握Excel工作簿的共享和发布方法。
- 熟悉并掌握修订的查看与接收操作。

- 了解公司进销存管理的流程。
- 掌握"供货商档案表"、"商品销售报表"和"商品验收报告"的制作方法。

项目流程对应图

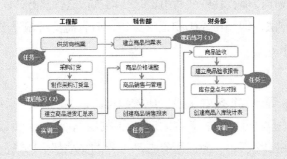

任务一 制作“供货商档案表”表格

供应商是指直接向零售商提供商品及相应服务的企业及其分支机构、个体工商户，包括制造商、经销商和其他中介商，或称为“厂商”，即供应商品的个人或法人。制作供货商档案表，可方便企业快速查找相关供货商的资料。

一、 任务目标

公司需要对主要的供货商数据进行重新整理，老张将制作该档案表的任务安排给小白来完成。与以往不同的是，这次老张将教小白利用Excel提供的“宏”功能来自动美化表格数据。本任务完成后的最终效果如图9-1所示。

效果所在位置 光盘:\效果文件\项目九\供货商档案表.xlsx

供货商档案表						
名称	性质	供货种类	主要联系人	性别	联系方式	地址
华华商贸	公司	百货	钟小华	先生	1335498****	新民路15号
路人零售	个体户	百货	罗江	先生	1305489****	江华小区2号
露露百货	公司	百货	李晓霞	女士	1311025****	沿江小巷145号
泰雅商贸	公司	百货	张建	先生	1399004****	解放路52号
显民副食品	个体户	副食品	刘显明	先生	1384502****	光明街123号
小刚百货	公司	百货	朱小刚	先生	1357412****	沿江小区商务楼45号
红火商贸	公司	百货	宋丹	女士	1335402****	滨河路1号
四民百货	公司	百货	李静	女士	1319021****	人民南路3号
钟钟百货	公司	百货	张群芳	女士	1389004****	人民北路5号
小张副食品	个体户	副食品	张镇	先生	1398754****	曹家巷22号

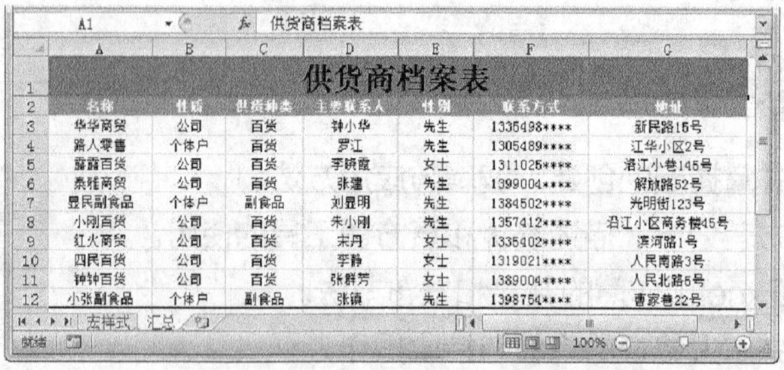

图9-1 “供货商档案表”最终效果

二、 相关知识

使用“宏”可帮助用户快速执行重复动作，节约制作文档的时间。下面将对“宏”的概念、作用、安全性进行介绍。

1. 认识宏

宏由一系列命令和函数组成，存储于Visual Basic模块中，并且可随时调用。如果工作表中存在大量的重复性操作，那么就可以利用宏来自动执行这些任务，以提高工作效率。Excel提供了两种创建宏的方法，即编写代码和记录操作，前者需要对编程语言有一定的了解和掌握，后者相对比较简单。

2. 宏的安全性

宏的自动化性质，导致其很容易被设置成宏病毒。这类病毒是一种寄存在文档或模板的宏中的计算机病毒。一旦打开文档，其中的宏就会被执行，于是宏病毒就会被激活并转移到计算机上，驻留在Normal模板中，此后所有自动保存的文档都会感染上这种宏病毒。如果其他用户打开了感染病毒的文档，宏病毒又会转移到其他计算机上，以此传播。

Excel对可通过宏传播的病毒提供了安全保护，如果使用其他计算机上的宏对象，无论何时打开包含宏的工作簿，都会先验证宏的来源再启用宏，并可通过数字签名来验证其他用户，以保证其他用户为可靠来源。

三、任务实施

1. 创建基本数据

下面创建并保存工作簿，然后对工作表进行整理并创建用于录制和运行宏的各种基本数据，其具体操作如下。

STEP 1 新建并保存"供货商表"，删除多余的一个工作表，将剩余两个工作表名称分别更改为"宏样式"和"汇总"，然后在"宏样式"工作表输入如图9-2所示的数据，表示待录制的宏对象。

STEP 2 切换到"汇总"工作表，合并A1:G1单元格区域，输入表格标题，然后依次输入表格的项目和数据记录，如图9-3所示。

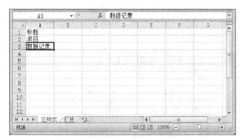

图9-2 输入宏样式数据　　　　　图9-3 输入表格数据

2. 录制并运行宏

下面录制"标题"的宏，为"宏样式"表中的"标题"设置样式，然后为"供货商档案表"的标题运行录制的宏，其具体操作如下。（拓展微课：光盘\微课视频\项目九\录制宏.swf）

STEP 1 切换到"宏样式"工作表，选择A1单元格，然后在【视图】/【宏】组中单击"宏"按钮下方的下拉按钮，在弹出的下拉列表中选择"录制宏"选项，如图9-4所示。

STEP 2 打开"录制新宏"对话框，在"宏名"文本框中输入"标题"，在"说明"文本框中输入"设置表格标题格式"，单击 确定 按钮，如图9-5所示。

图9-4 录制新宏　　　　　图9-5 设置宏名和说明

STEP 3 进入录制宏的状态，将所选单元格格式设置为"华文中宋、22、加粗、居中"，单元格填充为"橄榄色，强调文字颜色3，深色25%"，然后在【视图】/【宏】组中单击"宏"按钮下方的下拉按钮，在弹出的下拉列表中选择"停止录制"选项，如图9-6所示。

STEP 4 切换到"汇总"工作表，选择A1单元格，在【视图】/【宏】组中单击"宏"按钮下方的下拉按钮，在弹出的下拉列表中选择"查看宏"选项，如图9-7所示。

图9-6 停止录制

图9-7 查看宏

STEP 5 打开"宏"对话框，在列表框中选择"标题"选项，单击 执行(R) 按钮，如图9-8所示。

STEP 6 所选单元格将自动应用宏所录制的格式，但合并的单元格被拆分了，再次合并A1:G1单元格区域即可，效果如图9-9所示。

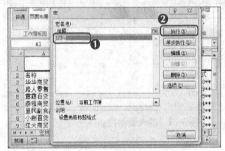
图9-8 执行宏

图9-9 得到的效果

3．使用快捷键运行宏

下面将继续录制项目格式的宏并创建快捷键，然后使用该快捷键为"供货商档案表"的项目区域运行录制的宏，其具体操作如下。（拓展微课：光盘\微课视频\项目九\通过快捷键调用.swf）

STEP 1 切换到"宏样式"工作表，选择A2单元格，再次打开"录制新宏"对话框。设置宏名为"项目"，在"快捷键"文本框中输入大写字母"X"，说明为"设置表格项目格式"，单击 确定 按钮，如图9-10所示。

STEP 2 进入录制宏的状态，将所选单元格格式设置为"10、加粗、居中、浅蓝色填充、白色字体"，如图9-11所示，停止录制宏。

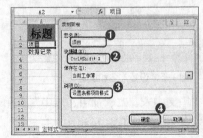
图9-10 设置宏名

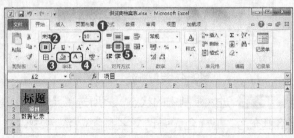
图9-11 停止录制

STEP 3 切换到"汇总"工作表，选择A2:G2单元格区域，如图9-12所示。

STEP 4 按【Ctrl+Shfit+X】组合键运行宏，效果如图9-13所示。

供货商档案表						
名称	性质	供货种类	主要联系人	性别	联系方式	地址
华华商贸	公司	百货	钟小华	先生	1335498****	新民路15号
路人零售	个体户	百货	罗江	先生	1305489****	江华小区2号
露露商贸	公司	百货	李晓霞	女士	1311025****	洛江小巷145号
泰雅商贸	公司	百货	张建	先生	1399004****	解放路52号
显民副食品	公司	副食品	刘显明	先生	1384502****	光明街123号
小刚百货	公司	百货	朱小刚	先生	1357412****	沿江小区商务楼45号
红火商贸	公司	百货	宋丹	女士	1335402****	滨河道1号
四民百货	公司	百货	李静	女士	1319021****	人民南路5号
钟钟百货	公司	百货	张群芳	女士	1389004****	人民北路6号
小张副食品	个体户	副食品	张镇	先生	1398754****	曹家巷22号

图9-12 选择单元格区域

供货商档案表						
名称	性质	供货种类	主要联系人	性别	联系方式	地址
华华商贸	公司	百货	钟小华	先生	1335498****	新民路15号
路人零售	个体户	百货	罗江	先生	1305489****	江华小区2号
露露商贸	公司	百货	李晓霞	女士	1311025****	洛江小巷145号
泰雅商贸	公司	百货	张建	先生	1399004****	解放路52号
显民副食品	个体户	副食品	刘显明	先生	1384502****	光明街123号
小刚百货	公司	百货	朱小刚	先生	1357412****	沿江小区商务楼45号
红火商贸	公司	百货	宋丹	女士	1335402****	滨河道1号
四民百货	公司	百货	李静	女士	1319021****	人民南路5号
钟钟百货	公司	百货	张群芳	女士	1389004****	人民北路6号
小张副食品	个体户	副食品	张镇	先生	1398754****	曹家巷22号

图9-13 运行宏

4. 编辑宏

下面为表格数据记录录制并编辑宏，然后为"供货商档案表"的数据记录区域运行录制的宏，其具体操作如下。（拓展微课：光盘\微课视频\项目九\查看与编辑宏.swf）

STEP 1 切换到"宏样式"工作表，选择A3单元格，再次打开"录制新宏"对话框。设置宏名为"数据"，在"快捷键"文本框中输入大写字母"S"，说明为"设置数据记录格式"，单击 确定 按钮，如图9-14所示。

STEP 2 进入录制宏的状态，将所选单元格格式设置为"10、居中、下边框"，停止录制，如图9-15所示。

图9-14 录制宏

图9-15 停止录制

STEP 3 切换到"汇总"工作表，在【视图】/【宏】组中单击"宏"按钮下方的下拉按钮，在弹出的下拉列表中选择"查看宏"选项，打开"宏"对话框，在列表框中选择"数据"选项，单击 编辑(E) 按钮，如图9-16所示。

STEP 4 打开代码窗口，选择"=False"的语句，按【Delete】键删除，如图9-17所示。

图9-16 编辑宏

图9-17 删除语句

STEP 5 按【Ctrl+S】组合键保存设置，如图9-18所示，然后关闭代码窗口。

STEP 6 从下往上选择数据记录，按【Ctrl+Shfit+S】组合键运行宏即可，效果如图9-19所示。

图9-18 保存设置　　　　　　　　　　　　　　　图9-19 运行宏

知识提示　　代码窗口中"=False"内容所在的语句段落是指这些语句表示默认设置，因此删除后不仅不会影响宏的内容，还能减少宏的体积，使运行宏的速度更快。

任务二 制作"商品销售报表"表格

销售报表不同于一般的销售数据统计或汇总表，它是对销售数据进行有目的的分析，然后根据分析的数据结果，适时地调整销售方案或策略，以提高销售业绩。由此可见，销售报表对于大型企业或公司而言，非常重要。

一、任务目标

为了进一步加强小白使用Excel分析数据的能力，老张决定教小白利用分析工具库的工具，对"商品销售报表"中的数据进行分析，主要涉及方差分析工具、描述统计工具、直方图工具的使用。本任务完成后的最终效果如图9-20所示。

效果所在位置 光盘:\效果文件\项目九\商品销售报表.xlsx

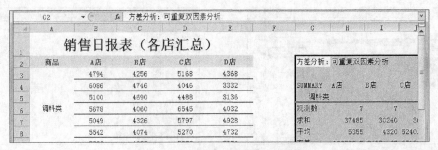

图9-20 "商品销售报表"最终效果

二、 相关知识

Excel提供了大量的数据分析工具，下面讲解如何加载分析工具库，并重点介绍方差分析工具的使用。

1．加载分析工具库

Excel提供的各种数据分析和统计功能，均整合在分析工具库中，因此要想使用这些工具，首先需要将其加载到Excel操作界面中，方法为：选择【文件】/【选项】菜单命令，打开"Excel 选项"对话框，在"加载项"选项卡右侧的面板中单击 转到(G)... 按钮，打开"加载宏"对话框，在列表框中单击选中"分析工具库"复选框，然后单击 确定 按钮即可。此后便可在【数据】/【分析】组中单击 数据分析 按钮来使用需要的数据分析和统计功能。

2．认识不同的方差分析

方差分析可以用来检验多个均值之间差异的显著性，当需要对表格中多个数据的均值进行有无显著差异分析时，可以使用Excel提供的"方差分析"工具。Excel提供了单因素方差分析、可重复双因素分析、无重复双因素分析3种类型，其作用分别如下。

- **单因素方差分析**：可以对两个或更多样本的平均值进行简单的方差分析，其中 α（显著性水平），一般为"0.05"，即95%的置信度。如果单因素方差分析中得出的P-值小于0.05，则表示有显著影响。
- **可重复双因素分析**：可以对多个样本进行复杂的方差分析，包括样本中有交互作用的情况。同时，可重复双因素分析的每一个样本中必须包含相同数目的行，即在选择"输入区域"时，需包括工作表中行和列的分组状况。
- **无重复双因素分析**：可以同时分析两个样本对因变量的影响，但每组数据只包含一个样本。

三、任务实施

1．创建销售数据汇总表

首先创建各工作表中的商品销售数据，并将其汇总到另一表格中，其具体操作如下。

STEP 1 新建并保存"商品销售报表.xlsx"工作簿，创建两个新的工作表，并依次将工作表名称按如图9-21所示进行重命名。

STEP 2 切换到"A店"工作表，输入表格标题、项目、数据记录并适当美化，效果如图9-22所示。

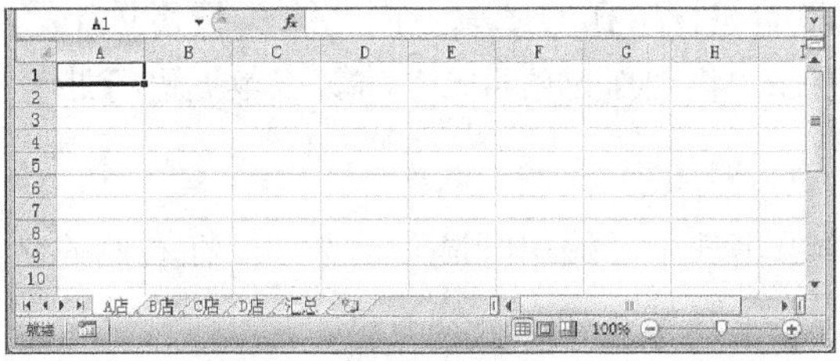

图9-21 管理工作簿和工作表

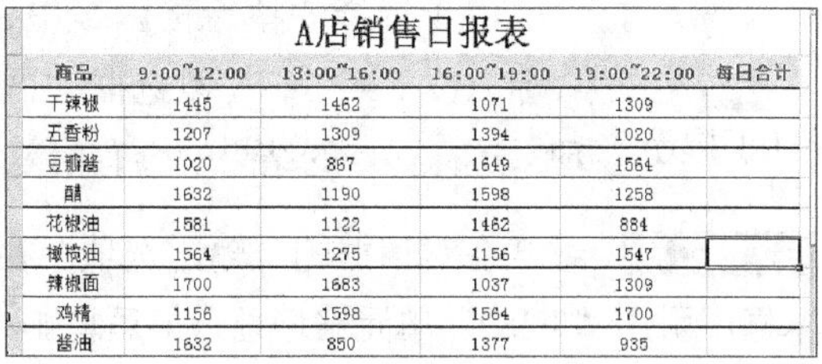

A店销售日报表

商品	9:00~12:00	13:00~16:00	16:00~19:00	19:00~22:00	每日合计
干辣椒	1445	1462	1071	1309	
五香粉	1207	1309	1394	1020	
豆瓣酱	1020	867	1649	1564	
醋	1632	1190	1598	1258	
花椒油	1581	1122	1462	884	
橄榄油	1564	1275	1156	1547	
辣椒面	1700	1683	1037	1309	
鸡精	1156	1598	1564	1700	
酱油	1632	850	1377	935	

图9-22 输入并美化数据

STEP 3 利用SUM函数对每种商品和每个销售时段的数据进行求和汇总，效果如图9-23所示。

STEP 4 按相同思路和方法制作B店、C店、D店的销售数据，如图9-24所示。

	A	B	C	D	E	F
A1		A店销售日报表				
胡椒	1326	1020	901	1683	4930	
花椒	1071	1292	1700	1241	5304	
干辣椒	1446	1462	1071	1309	5287	
五香粉	1207	1309	1394	1020	4930	
豆瓣酱	1020	867	1649	1564	5100	
醋	1632	1190	1598	1258	5678	
花椒油	1581	1122	1462	884	5049	
橄榄油	1564	1275	1156	1547	5542	
辣椒面	1700	1683	1037	1309	5729	
鸡精	1156	1598	1564	1700	6018	
总计（元）	19924	18173	19074	17680		

图9-23　合计数据

	A	B	C	D	E
1			C店销售日报表		
2	商品	9:00~12:00	13:00~16:00	16:00~19:00	19:00~2
3	酱油	1156	1343	1411	1258
4	芝麻油	1020	1071	1105	850
5	味精	1615	952	1343	1462
6	食盐	1020	1479	1207	918
7	胡椒	1241	1598	1122	1700
8	花椒	1700	1445	1241	1054
9	干辣椒	1377	1105	986	1496
10	五香粉	901	1105	986	1309
11	豆瓣酱	1275	1343	986	884
12	醋	1683	1683	1649	1530
	花椒油	1496	1632	986	1683

图9-24　创建其他各店销售数据

STEP 5 切换到"汇总"工作表，将液体类商品（包括食盐）归纳为调料类，将剩余商品归纳为干货类，按此方法创建汇总表框架，并适当美化数据，如图9-25所示。

STEP 6 通过公式依次引用其他工作表中各店对应的商品销售总额，如图9-26所示。

	A	B	C	D	E
1		销售日报表（各店汇总）			
2	商品	A店	B店	C店	D店
3					
4					
5					
6	调料类				

图9-25　创建销售数据汇总表

	A	B	C	D	E
1		销售日报表（各店汇总）			
2	商品	A店	B店	C店	D店
3		4794	4256	5168	4368
4		6086	4746	4046	3332
5		5100	4690	4488	3136
6	调料类	5678	4060	6545	4032
7		5049	4326	5797	4928
8		5542	4074	5270	4732
		5236	4088	5372	3976

图9-26　引用数据

2．方差分析影响销售的因素

下面将使用3种方差分析工具，分别对A店、B店、汇总工作表中的销售数据进行分析，以查看影响销售的因素，其具体操作如下。

STEP 1 切换到"A店"工作表，在【数据】/【分析】组中单击 数据分析 按钮，打开"数据分析"对话框，在列表框中选择"方差分析：单因素方差分析"选项，单击 确定 按钮，如图9-27所示。

STEP 2 打开"方差分析：单因素方差分析"对话框，将输入区域设置为"$B$3:$E$16"，在"分组方式"栏中单击选中"列"单选项，然后单击选中"标志位于第一行"复选框。

知识提示　由于选择的单元格区域中包含了项目所在的区域，因此需要单击选中"标志位于第一行"复选框，否则Excel将判断无项目行，将其以数据进行处理，这样得到的结果就会有偏差。

STEP 3 继续在对话框的"输出选项"栏中单击选中"输出区域"单选项，在右侧的文本框中引用"$H$2"单元格地址，最后单击 确定 按钮，如图9-28所示。

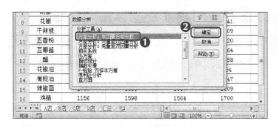
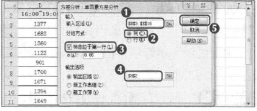

图9-27 选择分析工具　　　　　　　　　　图9-28 设置参数

STEP 4 此时将得到方差分析后的结果，通过对比方差分析区域中的P-值与设置的α值（0.05）关系，由于P-值大于0.05，因此得到商品销售时段对销量没有显著影响，如图9-29所示。

STEP 5 切换到"B店"工作表，打开"数据分析"对话框，在列表框中选择"方差分析：无重复双因素分析"选项，单击 确定 按钮，如图9-30所示。

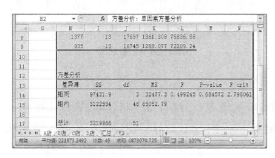
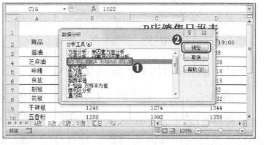

图9-29 分析结果　　　　　　　　　　　图9-30 选择分析工具

STEP 6 打开"方差分析：无重复双因素分析"对话框，将输入区域设置为"$B$3:$E$16"，单击选中"标志"复选框，将α值设置为"0.5"，然后在"输出选项"栏中单击选中"输出区域"单选项，在右侧的文本框中引用"$H$2"单元格地址，最后单击 确定 按钮，如图9-31所示。

STEP 7 得到方差分析后的数据结果，在方差分析区域中查看行列对应的P-值，均远小于设置的α值（0.5），因此可以得到B店的商品种类和销售时段对销量有显著影响，如图9-32所示。

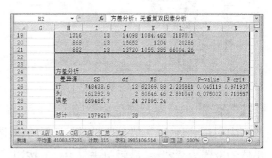

图9-31 设置参数　　　　　　　　　　　图9-32 分析结果

STEP 8 切换到"汇总"工作表，选择【工具】/【数据分析】菜单命令，打开"数据分析"对话框，在列表框中选择"方差分析：可重复双因素分析"选项，单击 确定 按钮。

STEP 9 打开"方差分析：可重复双因素分析"对话框，将输入区域设置为"$A$2:$E$16"，在"每一样本的行数"文本框中输入"7"，在"输出选项"栏中单击选中"输出区域"单选项，在右侧的文本框中引用"$G$2"单元格地址，最后单击 确定 按钮，如图9-33所示。

STEP 10 得到方差分析后的数据结果，在方差分析区域中查看样本、列和交互对应的P-值，均远大于设置的α值（0.05），因此可以得到不同店铺、不同商品种类、店铺和商品种类的交互作用均不会对销量产生显著影响，如图9-34所示。

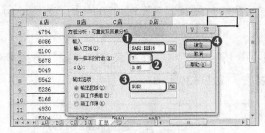

图9-33 设置参数

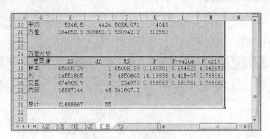

图9-34 分析结果

3．描述统计样本数据平均值

描述统计工具主要用于对输入区域中数据的单变量进行分析，提供样本数据分布区间、标准差等相关信息。下面在"C店"工作表中使用描述统计工具分析销量的平均值、区间和销量差异的量化标准等信息，其具体操作如下。

STEP 1 切换到"C店"工作表，打开"数据分析"对话框，在列表框中选择"描述统计"选项，单击 确定 按钮，如图9-35所示。

STEP 2 打开"描述统计"对话框，将输入区域设置为"$B$3:$B$16"，在"分组方式"栏中单击选中"逐列"单选项，然后单击选中"标志位于第一行"复选框，如图9-36所示。

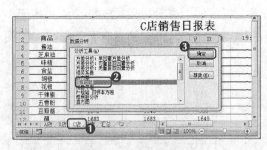

图9-35 选择分析工具

图9-36 设置参数

STEP 3 继续在对话框的"输出选项"栏中单击选中"输出区域"单选项，在右侧的文本框中引用"$H$2"单元格地址，然后单击选中"汇总统计"复选框，并将第K大值和第K小值均设置为"2"，最后单击 确定 按钮，如图9-37所示。

STEP 4 得到描述统计的数据结果，在其中可以查看各时段销量的平均值、方差、峰度、偏度、最大值、最小值、求和值等数据，如图9-38所示。

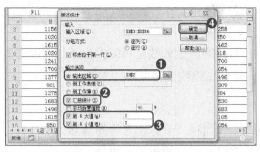

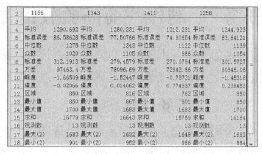

图9-37 设置K值 | 图9-38 分析结果

4. 使用直方图分析数据重复次数和频率

"直方图"工具可以分析输入区域和接收区域的单个和累积频率，同时还可以统计引用单元格区域中某个重复数值出现的次数。下面使用直方图工具分析"D店"工作表中各销量数据的重复次数和频率，其具体操作如下。

STEP 1 切换到"D店"工作表，在G2:G7单元格区域中输入"销量分段"项目预计分段的具体数据，如图9-39所示。

STEP 2 在【数据】/【分析】组中单击 数据分析 按钮，打开"数据分析"对话框，在列表框中选择"直方图"选项，单击 确定 按钮，如图9-40所示。

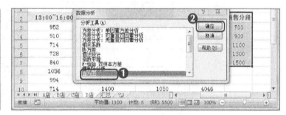

图9-39 输入销量分段数据 | 图9-40 选择分析工具

STEP 3 打开"直方图"对话框，将输入区域设置为"$B$3:$B$16"，将接收区域设置为"$G$3:$G$7"。在"输出选项"栏中单击选中"输出区域"单选项，在右侧的文本框中引用"$I$3"单元格地址，依次单击选中"累计百分率"和"图表输出"复选框，最后单击 确定 按钮，如图9-41所示。

STEP 4 此时将显示直方图数据结果和图表结果，其中显示了在不同销量范围中销售数据出现的频率、累计百分比等结果，如图9-42所示。

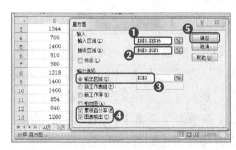

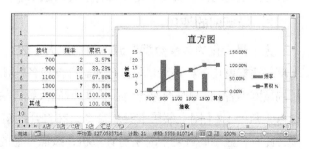

图9-41 设置参数 | 图9-42 直方图效果

任务三 制作“商品验收报告”表格

因为受储运质量和其他各种外界因素的影响，商品的质量和数量可能发生某种程度的变化，所以，所有到库商品在入库前必须进行验收，只有在验收合格后才能入库。

一、 任务目标

公司最采购了一批商品，在入库前需对其进行验收盘存，分拣出合格的商品，小白则主要负责登记验收报告。该任务重点涉及工作簿的共享以及修订的查看、接收、拒绝等操作。本任务完成后的最终效果如图9-43所示。

效果所在位置 **光盘:\效果文件\项目九\商品验收报告.xlsx**

编号	品名	规格	单位	检验数量	合格数量	废品数量	验收人
Y01	酱油	瓶	件	8892	8834	58	张海
Y02	醋	瓶	件	6669	[illegible]	71	张海
Y03	芝麻油	瓶	件	10883	[illegible]	[illegible]	张海
Y04	花生油	瓶	件	8839	[illegible]	[illegible]	张海
Y05	花椒油	瓶	件	8775	[illegible]	[illegible]	张海
Y06	葱油	瓶	件	8084	8068	16	宋燕
Y07	橄榄油	瓶	件	11232	11170	62	宋燕
Y08	白醋	瓶	件	8786	8765	21	宋燕
Y09	老抽	瓶	件	11232	11212	20	宋燕
Y10	生抽	瓶	件	8424	8386	38	宋燕

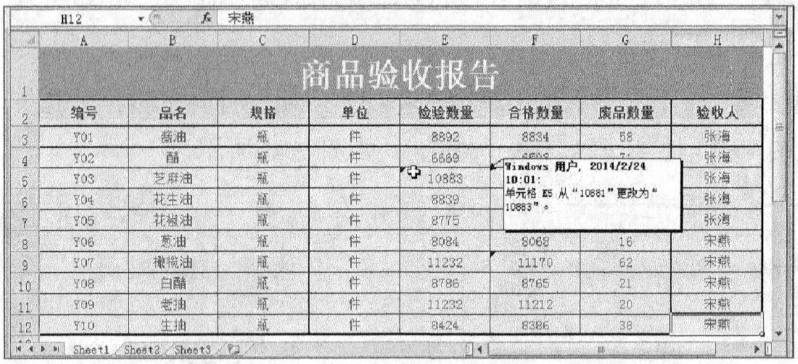

图9-43 “商品验收报告”最终效果

二、 相关知识

多人共享工作簿涉及局域网的知识，下面对局域网进行简单介绍，以便更好地认识局域网并进行共享操作。

1. 认识局域网

局域网（Local Area Network，LAN）是指在某一区域内由多台计算机互连成的计算机组，其范围一般在方圆几千米以内。局域网可以实现文件管理、应用软件共享、打印机共享、工作组内的日程安排、电子邮件、传真通信服务等功能。

2. 局域网的使用

为了最大化的共享数据资源，目前绝大多数公司或拥有多台计算机的家庭都组建了局域网，这样就可以在不借助U盘等外部存储设备的情况下，方便地通过“网上邻居”功能使用局域网中各计算机的数据。使用局域网的大致方法为：将文件或文件夹做共享处理，然后选择【开始】/【网上邻居】菜单命令，在打开的窗口左侧单击“查看工作组计算机”超链接，此时将显示局域网中的所有计算机，按照普通的文件操作方法即可打开某台计算机中共享的文件并使用。

三、 任务实施

1．共享Excel工作簿

下面首先创建并保存工作簿，创建表格数据后将工作簿所在的文件夹进行共享，其具体操作如下。（🎬拓展微课：光盘\微课视频\项目九\创建共享工作簿.swf）

STEP 1 新建并保存"商品验收报告.xlsx"工作簿，在其中输入标题、项目、数据记录等数据，如图9-44所示。

STEP 2 适当美化表格数据，效果可参考附赠光盘中提供的效果文件，如图9-45所示。

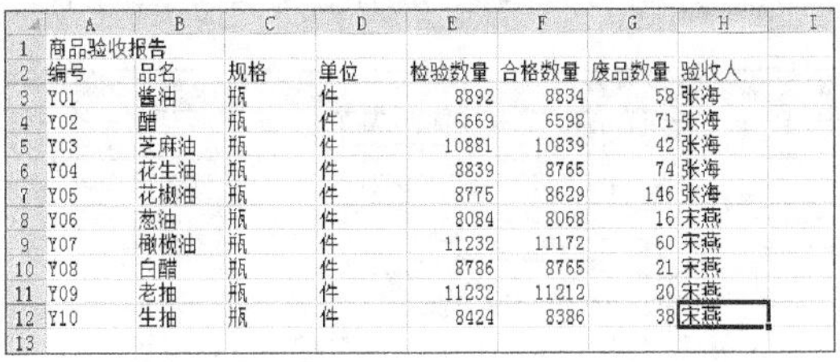

图9-44　输入数据

图9-45　美化数据

STEP 3 打开工作簿所在的文件夹窗口，在文件夹图标上单击鼠标右键，在弹出的快捷菜单中选择"属性"命令，如图9-46所示。

STEP 4 打开"项目九 属性"对话框，在"共享"选项卡中单击 共享(S) 按钮，如图9-47所示。

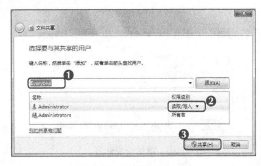

图9-46　共享文件夹

图9-47　启用共享功能

STEP 5 打开"文件共享"对话框，设置共享用户为"Everyone"，并设置权限，然后单击 共享(H) 按钮，如图9-48所示。

STEP 6 稍等片刻提示共享成功，单击 完成(D) 按钮，代表共享成功，如图9-49所示。

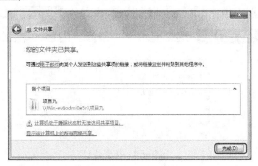

图9-48　选择共享对象

图9-49　共享成功

2．修订的查看、接收和拒绝

共享工作簿后，其他用户便可通过局域网对工作表中的数据进行加工，为了保证数据的正确性，共享工作簿的用户可以接收或拒绝修订内容，其具体操作如下。（ 拓展微课：光盘\微课视频\项目九\突出显示修订.swf、接受拒绝修订.swf）

STEP 1 在【审阅】/【更改】组中单击 修订 按钮，在弹出的下拉列表中选择"凸出显示修订"选项，如图9-50所示。

STEP 2 打开"突出显示修订"对话框，单击选中最上方的复选框，分别将时间、修订人、位置设置为"全部"、"每个人"、"$A$3:$F$12"，单击 确定 按钮，如图9-51所示。

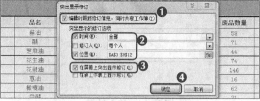

图9-50　突出显示修订　　　　　　　　图9-51　设置突出显示修订的条件

STEP 3 此时修订过的单元格左上角将出现三角形标记，将鼠标移至该单元格将显示具体的修订内容。再次单击 修订 按钮，在弹出的下拉列表中选择"接受/拒绝修订"选项，如图9-52所示。

STEP 4 打开提示保存对话框，单击 确定 按钮，打开"接受或拒绝修订"对话框，保存默认设置，单击 确定 按钮，如图9-53所示。

图9-52　确认操作　　　　　　　　　　图9-53　查看修订内容

STEP 5 在如图9-54所示的"接受或拒绝修订"对话框中将依次显示修订过的内容，若确认内容正确则可单击 接受(A) 按钮，Excel将继续显示下一个修订内容，若当前修订错误，则可单击 拒绝(R) 按钮。这里单击 接受(A) 按钮。

STEP 6 继续显示下一条修订内容，单击 接受(A) 按钮，如图9-55所示，完成修订操作。

图9-54　接受修订　　　　　　　　　　图9-55　继续接受修订

实训一 制作"商品入库统计表"表格

【实训目标】

公司最近几天采购了许多商品，并进行了入库存放。小白接到的任务是在最短时间内将入库相关数据统计出来，以备盘点核实所需。

要完成本实训，重点需要熟悉共享工作簿、修订工作簿，以及接受和拒绝修订等操作。本实训完成后的最终效果如图9-56所示。

 效果所在位置 光盘:\效果文件\项目九\商品入库统计表.xlsx

入库编号	商品名称	数量	入库时间	码放仓库	经办人
HBS-001	原木	640	2014/5/28	1号仓库	徐晓明
HBS-002	河沙	620	2014/5/28	2号仓库	刘天华
HBS-003	水泥	720	2014/5/28	3号仓库	徐晓明
HBS-004	河沙	748	2014/5/28	1号仓库	刘天华
HBS-005	原木	540	2014/5/28	2号仓库	郑虹
HBS-006	水泥	940	2014/5/29	1号仓库	徐晓明

图9-56 "商品入库统计表"最终效果

【专业背景】

商品入库是仓储业务的第一阶段，是商品进入仓库储存时所进行的商品接收、卸货、搬运、清点数量、检查质量、办理入库手续等一系列活动。商品入库统计表可以实时记录放入仓库中的商品情况，对公司销售、盘点、清仓、采购等环节有直接影响。

【实训思路】

本实训的制作应先制作基础数据，然后美化数据，最后共享工作簿，并查看与接受修订。其操作思路如图9-57所示。

①创建数据　　　　　　②美化数据　　　　　③共享工作簿并修订数据

图9-57 制作"商品入库统计表"的思路

【步骤提示】

STEP 1 输入商品入库统计表的基础数据。

STEP 2 将"商品入库统计表"工作簿所在的文件夹共享到局域网中。

STEP 3 将A3:F16单元格区域突出显示修订，允许显示所有时间、所有用户进行的更改，尝试自行修改其中的部分数据，然后查看并接受修订。

实训二 制作"商品进货汇总表"表格

【实训目标】

商品入库已经完成，现在需要汇总这些数据，老张将这些工作交给小白来完成，让她更加熟悉Excel表格中相关宏的操作。

要完成本实训，需要运用本项目介绍的宏的录制和运行等操作。本实训完成后的最终效果如图9-58所示。

 效果所在位置 光盘:\效果文件\项目九\商品进货汇总表.xlsx

进货单编号	进货内容	数量	进价	合计进价	采购人	采购日期
TSB-001	酱油	511	9.01	4604.11	小张	2013/5/28
TSB-002	芝麻油	546	16.15	8817.9	小张	2013/5/28
TSB-003	味精	427	12.07	5153.89	小张	2013/5/28
TSB-004	食盐	364	11.39	4145.96	小张	2013/5/28
TSB-005	胡椒	623	11.22	6990.06	小张	2013/5/28
TSB-006	花椒	504	11.56	5826.24	小黄	2013/5/29

商品进货汇总表

图9-58 "商品进货汇总表"最终效果

【专业背景】

任何企业或公司都会非常重视进货数据，通过该数据可以直接了解进货信息，也能从侧面反映销售情况以及受欢迎的商品。因此，创建并保存进货信息表格对每个企业或公司来说，都是不容忽视的环节之一。

【实训思路】

完成本实训应先制作基础数据，然后在"宏样式"表格中录制相应的宏，最后将宏应用到汇总表格中。其操作思路如图9-59所示。

①创建数据　　　　②录制宏　　　　③运行宏

图9-59 制作"商品进货汇总表"的思路

【步骤提示】

STEP 1 输入商品进货汇总表的基础数据。

STEP 2 创建"标题"、"项目"、"数据记录"3个数据，为其分别录制相应的宏。

STEP 3 切换到档案表中，为不同的数据区域运行对应的宏。

常见疑难解析

问：在录制宏的过程中不小心录制了不需要的操作该怎么办？

答：如果是比较简单的操作，如设置字体、字号等格式时，可先录制完需要的效果，完成后通过编辑宏的方法在代码窗口中找到不需要的代码字段，将其删除即可。若录制操作太复杂，无法在代码中删除，则应考虑重新录制。

问：为什么设置宏的快捷键为【Ctrl+Shift+X】组合键，运行宏时却无法执行呢？所选单元格区域没有任何变化，这是怎么回事？

答：如果设置的运行宏的快捷键与当前系统中正在运行的其他软件的快捷键重复，则该快捷键将首先应用其他软件对应快捷键的相应功能，而不会运行宏。解决的方法有两种，一是关闭快捷键相同的其他软件，二是重新定义运行宏的快捷键。

拓展知识

1．认识宏的局限性

许多在Excel中进行的操作大多都可通过录制宏来完成，但即便如此，宏自身仍存在一定的局限性。通过录制的宏无法完成的工作主要表现在以下几个方面。

● 录制的宏不具备判断或循环能力。

● 宏的人机交互能力较差，即在运行宏的过程中，用户无法进行输入，计算机也无法给出需要的操作提示。

● 在运行宏时无法显示Excel对话框。

● 无法显示自定义窗体。

2．工作簿的发布

如果需要使用工作表的用户不在同一局域网中，那么共享工作簿的方法显然满足不了资源分享的目的，此时可将工作簿发布，将其上传到互联网上让其他任何地方的用户都能分享资源。发布工作簿的方法为：选择【文件】/【保存】菜单命令，打开"另存为"对话框，在"保存类型"下拉列表中选择"网页（*.htm;*.html）"选项，单击 发布(P)... 按钮，此时将打开"发布为网页"对话框。在"发布为网页"对话框的"选择"下拉列表框中可设置发布内容，包括工作表、单元格区域等选项，在"文件名"文本框中可设置工作簿发布后的保存位置和名称，最后单击 发布(P) 按钮即可。

课后练习

 效果所在位置 光盘:\效果文件\项目九\商品档案表.xlsx、采购订货单.xlsx

（1）通过宏的录制、设置、运行，创建如图9-60所示的商品档案统计表，相关要求及操作提示如下。

● "标题"的单元格样式为"强调文字颜色2"，并设置"28、加粗、合并与居中"。

● "项目"的单元格样式为"40%-强调文字颜色2"，并设置"宋体、11、加粗、居中"。

● "数据记录"的单元格样式为"适中"，并设置"11、居中"，"红色，强调文字颜色2，25%"的下框线。

序号	商品种类	商品名称	单价（元）	库存
1	食品	方便面	2.04	57
2	化工	牙刷	1.7	65
3	针织	棉袜	4.25	90
4	五金	不锈钢菜刀	21.76	71
5	化工	香皂	6.46	84
6	化工	牙膏	7.31	61
7	食品	瓜子	2.55	100
8	食品	榨菜	0.85	50
9	食品	牛肉干	11.05	83
10	化工	洗发液	31.96	57
11	食品	矿泉水	7.65	79
12	食品	奶糖	43.86	88
13	五金	平底锅	48.45	72

图9-60　"商品档案表"最终效果

（2）创建如图9-61所示的采购订货单并进行方差分析，相关要求及操作提示如下。

● 输入并美化基础数据。

● 利用单因素方差分析工具对采购金额进行分析。

● α值设置为"0.05"，通过比较P-值与α值大小判断商品类别与采购金额的关系。

采购员	商品类别				
	五金	化工	食品	针织	其他
方小宝	0.32	0.21	0.19	0.24	0.21
古丽	0.43	0.43	0.21	0.32	0.37
王翰	0.37	0.54	0.21	0.27	0.21
王晓杰	0.21	0.32	0.11	0.09	0.21
李东国	0.32	0.21	0.11	0.32	0.32

方差分析: 单因素方差分析

SUMMARY

组	观测数	求和	平均	方差
五金	5	1.65	0.33	0.00655
化工	5	1.71	0.342	0.02057
食品	5	0.83	0.166	0.00268
针织	5	1.24	0.248	0.00897
其他	5	1.32	0.264	0.00578

方差分析

差异源	SS	df	MS	F	P-value	F crit
组间	0.1006	4	0.02515	2.822671156	0.052443547	2.866081
组内	0.1782	20	0.00891			
总计	0.2788	24				

图9-61　"采购订货单"最终效果

PART 10

项目十 财务分析

情景导入

　　公司要展开下一阶段项目的制作，涉及很多数据预测和分析方面的内容。小白正不知道如何着手，老张告诉她，利用Excel可以轻松地进行各种数据预测和分析

知识技能目标

- 熟悉固定资产的折旧方法并掌握使用工作量法计算折旧。
- 熟悉使用回归线法预测数据并掌握趋势线的应用。
- 掌握PMT函数的用法。
- 熟悉方案管理器的创建和使用方法。

- 了解常用财务函数的基本用法。
- 掌握"固定资产盘点表"、"预算分析表"和"投资方案表"的制作方法。

项目流程对应图

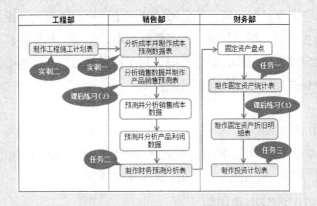

任务一 制作“固定资产盘点表”表格

统计公司的固定资产，不仅可对公司现有的固定资产数据进行汇总管理，还可反映出固定资产折旧数据的信息。在盘点公司固定资产时，通常需要制作固定资产盘点表，借助Excel中的公式快速统计公司的固定资产和折旧信息。

一、任务目标

对固定资产进行清理时，公司安排小白制作固定资产盘点表，通过表格简单清理固定资产的操作。本任务完成后的最终效果如图10-1所示。

效果所在位置 光盘:\效果文件\项目十\固定资产盘点表.xlsx

固定资产盘点表

固定资产名称	类别	原值	购置日期	使用年限	已使用年份	残值率	月折旧额	累计折旧	固定资产净值
高压厂用变压器	设备	¥100,004.50	2000/7	17	14	5%	¥465.71	¥78,238.81	¥21,765.69
零序电流互感器	设备	¥102,039.90	2000/7	21	14	5%	¥384.67	¥64,625.27	¥37,414.63
稳压源	设备	¥100,593.00	2011/12	24	3	5%	¥331.82	¥11,945.42	¥88,647.58
叶轮给煤机输电导线改为滑线	零部件	¥75,302.80	2007/1	13	7	5%	¥458.67	¥38,520.28	¥36,782.52
工业水泵改造频调速	设备	¥84,704.40	2007/12	26	7	5%	¥257.91	¥21,664.78	¥63,039.62
螺旋板冷却器及阀门更换	零部件	¥60,002.70	2008/12	10	6	5%	¥475.02	¥34,201.54	¥25,801.16
盘车装置更换	设备	¥75,302.80	2008/12	49	6	5%	¥121.66	¥8,759.71	¥66,543.09
凝汽器	设备	¥109,406.10	2000/7	29	14	5%	¥298.67	¥50,175.90	¥59,230.20
汽轮发电机	设备	¥95,303.70	2000/7	33	14	5%	¥228.63	¥38,410.28	¥56,893.42
变送器芯等设备	设备	¥67,008.90	2000/7	20	14	5%	¥265.24	¥44,560.92	¥22,447.98
测振仪	仪器	¥94,016.00	2012/12	14	2	5%	¥531.64	¥12,759.31	¥81,256.69
单轨吊	设备	¥109,046.10	2001/1	30	13	5%	¥287.76	¥44,890.64	¥64,155.46
低压配电变压器	设备	¥77,608.20	2000/7	20	14	5%	¥307.20	¥51,609.45	¥25,998.75
电动葫芦	仪器	¥10,946.10	2012/12	8	2	5%	¥108.32	¥2,599.70	¥8,346.40
高压热水冲洗机	设备	¥109,406.10	2010/12	14	4	5%	¥618.67	¥29,695.94	¥79,710.16
割管器	设备	¥10,475.30	2012/12	35	2	5%	¥23.69	¥568.66	¥9,906.64
光电传感器	设备	¥10,122.20	2012/12	19	2	5%	¥42.18	¥1,012.22	¥9,109.98
锅炉炉墙砌筑	零部件	¥8,709.80	2000/7	15	14	5%	¥45.97	¥7,722.69	¥987.11
交流阻抗仪	仪器	¥7,297.40	2010/12	15	4	5%	¥38.51	¥1,848.67	¥5,448.73
逆变焊机	设备	¥83,506.70	2010/12	26	4	5%	¥254.27	¥12,204.83	¥71,301.87
气轮机测振装置	设备	¥85,092.10	2004/12	12	10	5%	¥561.37	¥67,364.58	¥17,727.52
汽轮机	设备	¥588,005.00	2000/7	28	14	5%	¥1,662.51	¥279,302.38	¥308,702.63
液压手推车	设备	¥105,093.00	2010/12	35	4	5%	¥237.71	¥11,410.10	¥93,682.90

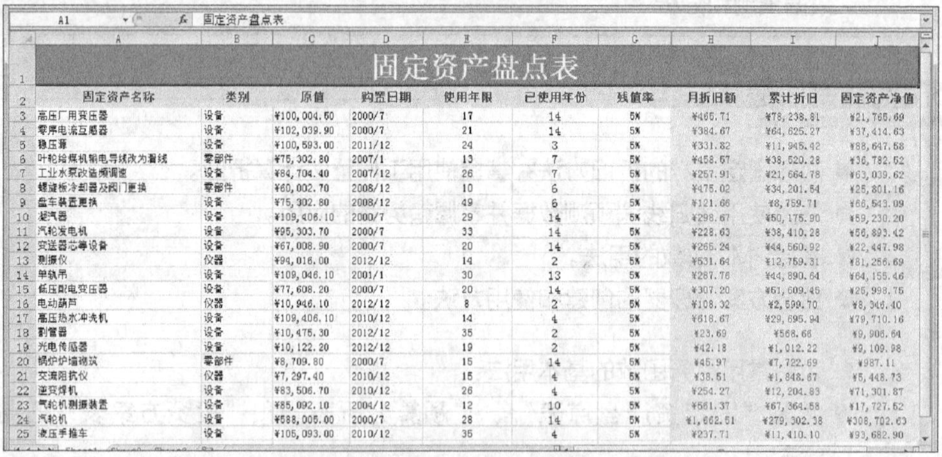

图10-1 “固定资产盘点表”最终效果

职业素养

企业应当按月计提固定资产折旧：当月增加的固定资产，当月不计提折旧，从下月起计提折旧；当月减少的固定资产，当月仍计提折旧，从下月起停止计提折旧：提足折旧后，不管能否继续使用，均不再提取折旧；提前报废的固定资产，也不再补提折旧。这不仅是固定资产计提时的法律规定，更是每个相关人员必须具备的职业素养。

二、相关知识

在对固定资产进行计提折旧，需要先对固定资产折旧的一些基本知识进行介绍，包括固定资产折旧的范围和年限，以及固定资产折旧的计算方法。

1．固定资产折旧的范围和年限

计提折旧的固定资产主要包括房屋建筑物，在用的机器设备、仪器仪表、运输车辆、工具器具，季节性停用及修理停用的设备，以经营租赁方式租出的固定资产和以融资租赁式租入的固定资产等。不同类型的固定资产，最低折旧年限也不同，具体情况如下。

- 房屋、建筑类固定资产的最低折旧年限为20年。
- 飞机、火车、轮船、机器、机械和其他生产设备的最低折旧年限为10年。
- 与生产经营活动有关的器具、工具、家具等对象的最低折旧年限为5年。
- 飞机、火车、轮船以外的运输工具，其最低折旧年限为4年。
- 电子设备的最低折旧年限为3年。

2. 固定资产折旧的计算方法

企业计提固定资产折旧的方法有多种，这些方法基本上可以分成两大类，即直线法和加速折旧法。实际操作时，应当根据固定资产所含经济利益预期实现方式选择不同的方法。因为折旧方法的不同，计提折旧额的结果就会不同。常见的固定资产折旧方法主要包括年限折旧法、工作量法、年数总和法以及双倍余额递减法等。本任务采用的折旧方法为工作量法，这种方法是根据实际工作量计提折旧额的一种方法，可以弥补年限折旧法只重时间，不考虑使用强度的缺点。

三、任务实施

1. 输入固定资产统计表基本数据

下面创建工作簿，并在其中输入需要计提折旧的固定资产的基本数据，并利用公式计算固定资产使用年限，其具体操作如下。

STEP 1 新建并保存"固定资产盘点表"，合并并居中A1:J1单元格区域，输入标题，并设置格式为"宋体、28、加粗"，填充"水绿色、强调文字颜色5"。

STEP 2 依次在A2:J2单元格区域中输入项目名称，添加单元格样式"好"，设置字体"加粗、居中"，效果如图10-2所示。

STEP 3 依次在相应的单元格区域中输入各固定资产的名称和类别，并设置字体格式为"10、左对齐"，如图10-3所示。

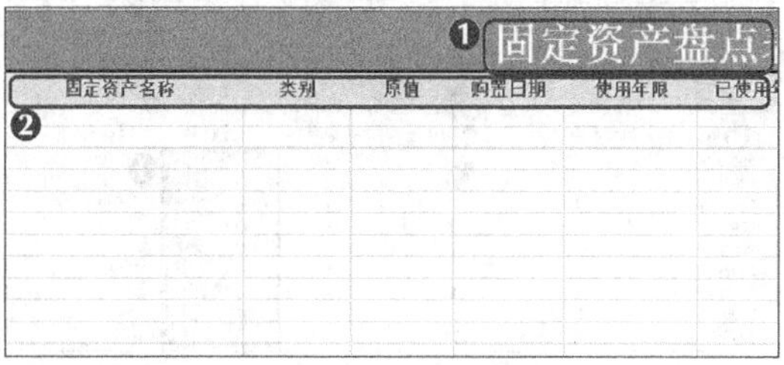

图10-2 输入标题和项目 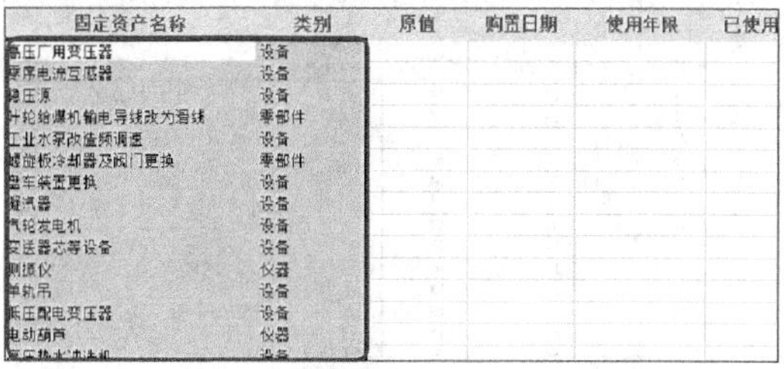   图10-3 输入固定资产名称和类别

STEP 4 在C3:C25单元格区域中输入各固定资产的原值，并设置格式为"10号、左对齐、货币类型、2位小数"，如图10-4所示。

STEP 5 在D3:D25单元格区域中输入各固定资产的购置日期，并设置格式为"10号、左对齐、自定义类型、yyyy-m"，如图10-5所示。

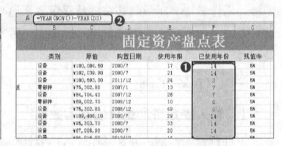

图10-4　输入并设置原值　　　　　　　　　　图10-5　输入并设置购置日期

STEP 6　继续在相应单元格区域中输入各固定资产的使用年限和残值率，格式分别为"10、居中"和"10、居中、百分比类型"，如图10-6所示。

STEP 7　选择F3:F25单元格区域，输入"=YEAR(NOW())−YEAR(D3)"，按【Ctrl+Enter】组合键计算各固定资产的已使用年限，并将格式设置为"10、居中、常规类型"，如图10-7所示。

图10-6　输入使用年限和残值率　　　　　　图10-7　计算已使用年限

2．利用工作量法计提折旧

接下来将使用工作量法来对固定资产进行计提折旧，其具体操作如下。

STEP 1　为H2:J25单元格区域设置单元格样式为"适合"，字号为10，然后选择H3:J25单元格区域，设置格式为"居中，货币类型、2位小数"，如图10-8所示。

STEP 2　选择H3:H25单元格区域，输入公式"=(C3*(1−G3)/E3)/12"，按【Ctrl+Enter】组合键表示按工作量法计提月折旧额，如图10-9所示。

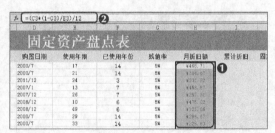

图10-8　设置单元格格式　　　　　　　　　图10-9　计算月折旧额

STEP 3　选择I3:I25单元格区域，输入公式"=H3*F3*12"，按【Ctrl+Enter】组合键表示根据月折旧额和已使用年份来计算累计折旧，如图10-10所示。

STEP 4　选择J3:J25单元格区域，输入公式"=C3−I3"，按【Ctrl+Enter】组合键表示"固定资产的净值=原值−累计折旧"，如图10-11所示。

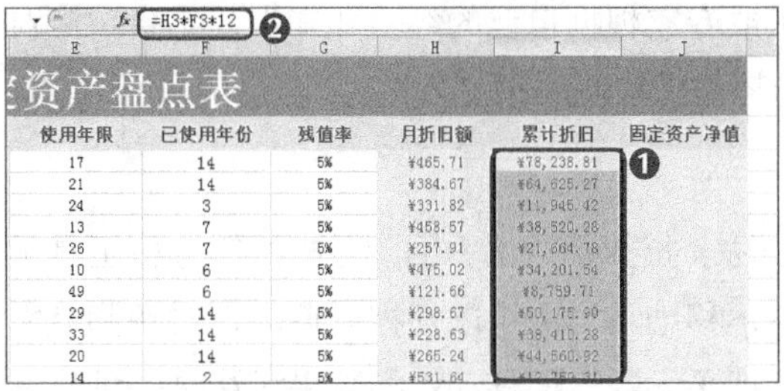

图10-10 计算累计折旧

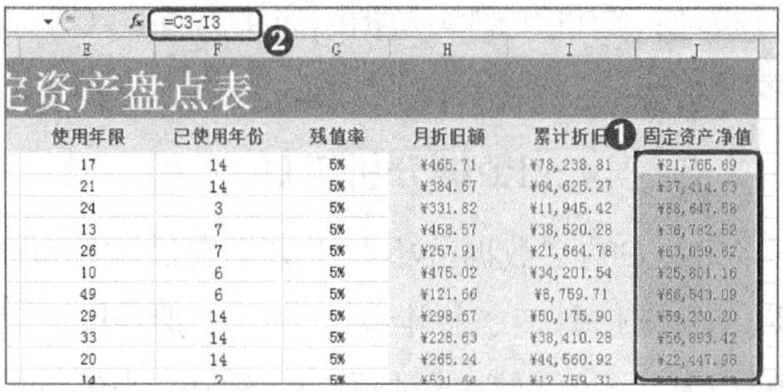

图10-11 计算固定资产净值

任务二 制作"预算分析表"表格

制作预算表可以对销售、利润成本等因素进行分析和预测，得到的结果可以直接给公司提供更全面的数据支持，方便进行公司战略决策和调整。

一、任务目标

公司需要对某一产品的财务进行预算分析，对该产品的销售数据、利润数据成本数据等进行具体的预测，因此，需要小白尽快制作出一张预算分析表。本任务完成后的最终效果如图10-12所示。

效果所在位置　光盘:\效果文件\项目十\预算分析表.xlsx

图10-12 "预算分析表"最终效果

二、相关知识

掌握Excel中预测分析的工具，并了解数据的预测分析方法后，才能实现本任务的操作，这里对相关知识进行简要介绍。

1．预测分析的方法

预测分析的方法主要有两种，即定量预测法和定性预测法。定量预测法是在掌握与预测对象有关的各种要素的定量资料的基础上，运用现代数学方法进行数据处理，据以建立能够反映有关变量之间规律性联系的各类预测模型的方法体系，它可分为趋势外推分析法和因果分析法；定性预测法是指由有关方面的专业人员或专家根据自己的经验和知识，结合预测对象的特点进行分析，对事物的未来状况和发展趋势作出推测的预测方法。

2．Excel数据分析工具

Excel的"数据分析"工具中提供的移动平均法、指数平滑法、回归分析法等分析工具可以计算出估计值、标准差、残差、拟合图。其中，移动平均法可以根据近期数据对预测值影响较大，而远期数据对预测值影响较小的规律，把平均数逐期移动；指数平滑法是一种改良后的加权平均法；回归分析法是通过研究两组或两组以上变量之间的关系，建立相应的回归预测模型，对变量进行预测的一种预测方法。

三、任务实施

1．建立产品销售数据明细表

下面首先将与产品销售相关的数据建立到表格中，为后面的预测分析提供数据基础，其具体操作如下。

STEP 1 新建并保存"预算分析表.xlsx"，新建工作表，并依次命名4个工作表的名称为"明细"、"销售预测"、"利润预测"、"成本预测"，如图10-13所示。

STEP 2 切换到"明细"工作表，输入标题、项目、基本数据，并适当美化数据格式，效果如图10-14所示，可参考随书附赠光盘中提供的效果文件。

图10-13　管理工作表 　　　　　　　　　图10-14　输入基本数据

STEP 3 利用公式"销售额=销售量*售价"计算销售额，如图10-15所示。

STEP 4 利用公式"销售成本=销售额*0.8"计算销售成本，如图10-16所示。

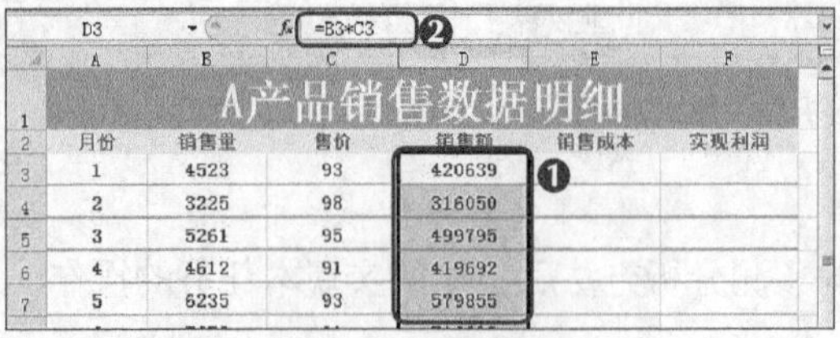

图10-15　计算销售额 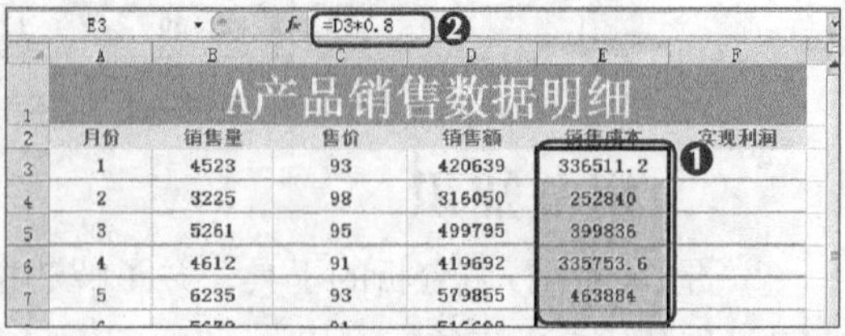　　　　　　　　　图10-16　计算销售成本

STEP 5 利用公式"实现利润=销售额−销售成本"计算利润，如图10-17所示。

STEP 6 选择A3:A14单元格区域，在名称框中输入"月份"后按【Enter】键，为选择的单元格区域命名，如图10-18所示。按相同方法为其他单元格区域命名，名称为对应的项目名称。

图10-17　计算利润

图10-18　命名单元格区域

2．预测销售数据

下面将在"销售预测"工作表中创建销售预测分析表格，并通过引用"明细"工作表中的部分数据，结合回归计算方法来预测和分析销售数据。其具体操作如下。（**拓展微课**：光盘\微课视频\项目十\回归分析.swf）

STEP 1 切换到"销售预测"工作表，在A1:B14单元格区域中创建并美化框架数据，效果如图10-19所示。

STEP 2 选择A3:A14单元格区域，在编辑栏中输入"=月份"，按【Ctrl+Enter】组合键引用"明细"工作表中的数据，如图10-20所示。

图10-19　输入框架数据

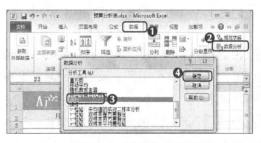

图10-20　引用数据

STEP 3 选择B3:B14单元格区域，在编辑栏中输入"=销售额"，按【Ctrl+Enter】组合键引用"明细"工作表中的数据，如图10-21所示。

STEP 4 在【数据】/【分析】组中单击 数据分析 按钮，打开"数据分析"对话框，在列表框中选择"回归"选项，单击 确定 按钮，如图10-22所示。

图10-21　引用数据

图10-22　选择数据分析工具

STEP 5 打开"回归"对话框，将Y值输入区域和X值输入区域分别设置为"$B$2:$B$14"和"$A$2:$A$14"，单击选中"输出区域"单选项，将输出区域指定为"$D$2"，然后分别单击选中"标志"、"残差"、"线性拟合图"复选框，最后单击 确定 按钮，如图10-23所示。

STEP 6 此时将显示回归数据分析工具根据提供的单元格区域的数据，得到的预测结果，其中还配以散点图来直观地显示数据趋势。通过图表以及工作表中"RESIDUAL OUTPUT"栏下的数据便可查看预测的销售数据及趋势，如图10-24所示。

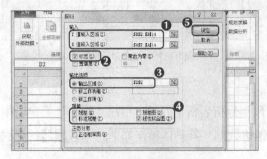

图10-23 设置参数

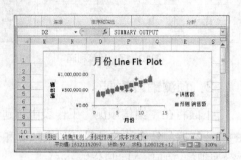

图10-24 预测结果

3．预测利润数据

下面将在"利润预测"工作表中通过假定目标利润数据，来计算产品的其他相关销售数据的预测情况，其具体操作如下。

STEP 1 切换到"利润预测"工作表，在A1:C8单元格区域中建立表格框架数据，并适当美化数据，然后在C8单元格中输入目标利润数据。

STEP 2 选择B3单元格，在编辑栏中输入"=SUM(销售量)"后按【Enter】键，表示计算名称为"销售量"的单元格区域中所有数据之和，如图10-25所示。

STEP 3 选择B4单元格，在编辑栏中输入"=AVERAGE(售价)"后按【Enter】键，表示计算名称为"售价"的单元格区域中所有数据的平均值，如图10-26所示。

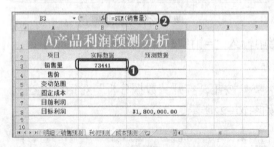

图10-25 计算实际销售量

图10-26 计算实际售价

STEP 4 选择B5单元格，在其编辑栏中输入"=AVERAGE(MAX(售价)-B4,B4-MIN(售价))"，表示变动范围等于最高售价减去平均售价，与平均售价减去最低售价的平均值，如图10-27所示。

STEP 5 选择B6单元格，在编辑栏中输入"=SUM(销售成本)"后按【Enter】键，如图10-28所示。

STEP 6 选择B7单元格，在编辑栏中输入"=SUM(实现利润)"后按【Enter】键，如图10-29所示。

STEP 7 选择C3单元格，在编辑栏中输入"=(C8+B6)/(B4-B5)"后按【Enter】键，如图10-30所示。

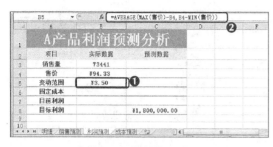

图10-27 计算变动范围

图10-28 计算固定成本

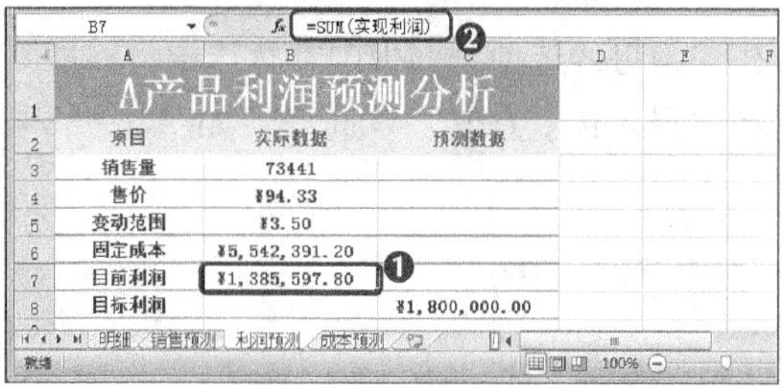

图10-29 计算目前利润

图10-30 预测销售量

STEP 8 选择C4单元格，在其编辑栏中输入"=(C8+B6)/B3"后按【Enter】键，如图10-31所示。

STEP 9 选择C6单元格，在其编辑栏中输入"=B3*(B4-B5)-C8"后按【Enter】键，如图10-32所示。

图10-31 预测售价

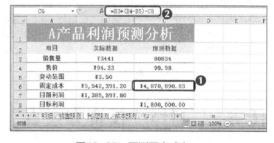

图10-32 预测固定成本

4．预测成本数据

接下来再次利用回归分析方法结合趋势线的使用，预测并分析销售成本数据，其具体操作如下。（🔘拓展微课：光盘\微课视频\项目十\添加并设置趋势线.swf）

STEP 1 切换到"成本预测"工作表，按"销售预测"工作表中的数据创建方法，创建框架数据并引用月份、销售量和销售成本数据，如图10-33所示。

STEP 2 利用数据分析功能打开"回归"对话框，将Y值输入区域和X值输入区域分别设置为"$C$2:$C$14"和"$B$2:$B$14"，单击选中"输出区域"单选项，将输出区域指定为"$E$2"，最后单击 确定 按钮，如图10-34所示。

STEP 3 完成回归分析，在生成的图表区中的数据系列上单击鼠标右键，在弹出的快捷菜单中选择"添加趋势线"命令，如图10-35所示。

图10-33 输入并引用数据

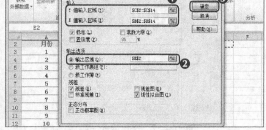

图10-34 设置回归参数

STEP 4 打开"设置趋势线格式"对话框，在"趋势线选项"面板中默认选中"线性"单选项，在下方单击选中"显示公式"复选框和"显示R平方值"复选框，如图10-36所示，单击 关闭 按钮，完成趋势线的创建。

图10-35 添加趋势线

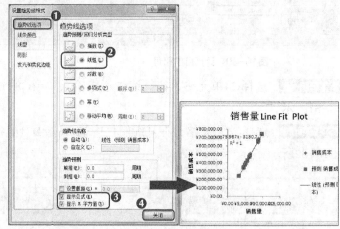

图10-36 选择数据系列

任务三 制作"投资方案表"表格

投资计划表可直观地反映投资计划，为公司每一步投资提供充分的数据支持，使投资战略不盲目。同时，通过对多个投资项目进行分析，可以找出适合公司发展的项目，减少大量繁杂的手动计算过程。

一、任务目标

公司准备投资一个大项目，需要向银行贷款，目前许多银行给出了具体的条件，公司让老张根据这些条件计算最佳信贷方案，并可带着小白一起制作相关表格。老张告诉小白，要完成该任务需使用Excel提供的财务函数和方案管理器。本任务完成后的最终效果如图10-37所示。

效果所在位置 光盘:\效果文件\项目十\投资方案表.xls

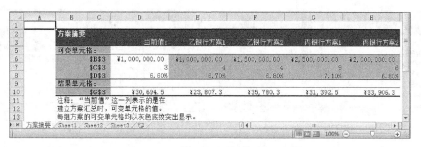

图10-37　"投资方案表"最终效果

二、相关知识

本任务涉及PMT()财务函数以及方案管理器的应用，下面就这两个功能的基础知识做简单介绍。

1．使用PMT()函数

PMT财务函数可以计算在固定利率和等额分期付款方式的前提下，贷款的每期付款额。其语法结构为：PMT（rate,nper,pv,fv,type），其中各参数的含义和用法如下。

- rate：表示贷款利率，可以是年利率、月利率或季利率。
- nper：表示该项贷款或投资的还款总期限，其单位必须与rate参数的单位一致。如5年期年利率为3.5%的贷款按季支付，则rate应为3.5%/4；nper应为5*4。
- pv：表示本金，即现值或一系列未来付款的当前值的累积和。
- fv：表示未来值，或在最后一次付款后希望得到的现金余额，如果省略该项参数，此时Excel将自动判断其值为"0"，也就是最后一次付款后无余额。
- type：表示指定各期的付款时间，分为期初或期末。用数字"0"表示期末，数字"1"表示期初。

2．认识方案管理器

方案管理器是Excel提供的模拟分析工具，它可以保存多种方案数据，然后通过生成摘要的方式来对比各个方案的数据情况。使用方案管理器之前，需要依次创建各个方案，然后通过确定含有公式的结果单元格，来输出与之对应的其他方案结果。除输出摘要之外，方案管理器还能输出数据透视表，实现动态分析输出结果的目的。

三、任务实施

1．计算每期还款额

下面首先创建信贷方案的框架数据，并利用PMT()函数分别计算每年、每季度、每月的还款额，其具体操作如下。（🎬拓展微课：光盘\微课视频\项目十\模拟运算表.swf）

STEP 1　新建并保存"投资方案表.xlsx"，输入并美化信贷方案的框架数据，效果如图10-38所示。

STEP 2　选择E3:E6单元格区域，在编辑栏中输入"＝PMT(D3,C3,-B3)"，按【Ctrl+Enter】组合键计算每年还款额，如图10-39所示。

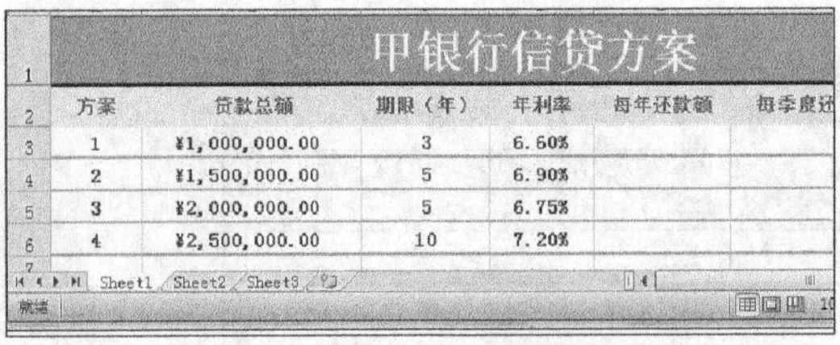

图10-38 建立框架数据

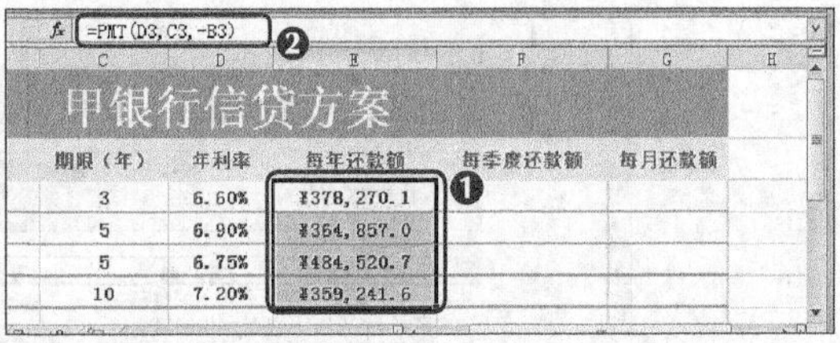

图10-39 计算每年还款额

知识提示　公式"=PMT(D3,C3,-B3)"中只涉及3个参数，其中参数fv和type做缺省处理。另外，PMT()函数默认返回的是负值，代表支出，因此这里在pv参数前手动添加了"-"符号，以便将结果处理为正数。

STEP 3　选择F3:F6单元格区域，在编辑栏中输入"=PMT(D3/4,C3*4,-B3)"，按【Ctrl+Enter】组合键计算每季度还款额，如图10-40所示。

STEP 4　选择G3:G6单元格区域，在编辑栏中输入"=PMT(D3/12,C3*12,-B3)"，按【Ctrl+Enter】组合键计算每月还款额，如图10-41所示。

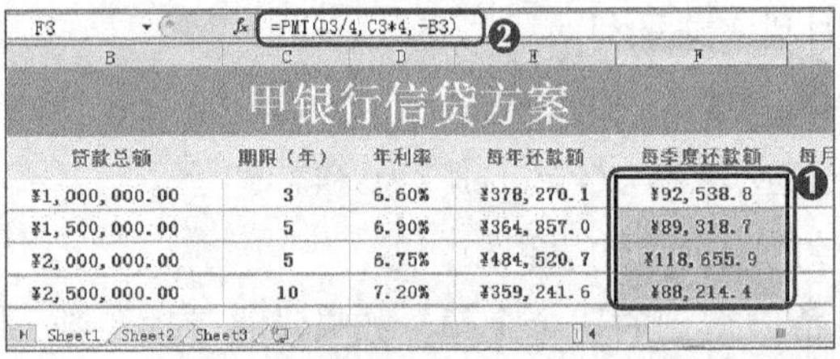

图10-40 计算每季度还款额

图10-41 计算每月还款额

2. 建立并选择最优信贷方案

接下来将使用方案管理器建立多个信贷方案，然后在这些方案中选择最优的一种生成摘要工作表。其具体操作如下。（拓展微课：光盘\微课视频\项目十\方案管理器.swf）

STEP 1　在【数据】/【数据工具】组中单击 模拟分析 按钮，在弹出的下拉列表中选择"方案管理器"选项，打开"方案管理器"对话框，单击 添加(A) 按钮，如图10-42所示。

STEP 2　打开"添加方案"对话框，在"方案名"文本框中输入"乙银行方案1"，在"可变单元格"文本框中引用"$B$3:$D$3"，单击 确定 按钮，如图10-43所示。

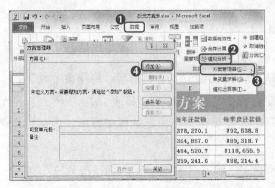

图10-42 启动方案管理器

图10-43 设置方案名和可变单元格

STEP 3 打开"方案变量值"对话框，依次在可变单元格对应的文本框中输入具体的方案数据，单击 确定 按钮，如图10-44所示。

STEP 4 返回"方案管理器"对话框，添加的方案将显示在列表框中，继续单击 添加(A)... 按钮，如图10-45所示。

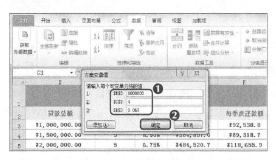

图10-44 设置可变单元格的值

图10-45 添加方案

STEP 5 打开"编辑方案"对话框，在"方案名"文本框中输入"乙银行方案2"，单击 确定 按钮，如图10-46所示。

STEP 6 打开"方案变量值"对话框，依次在可变单元格对应的文本框中输入此方案对应的数据，单击 确定 按钮，如图10-47所示。

图10-46 设置方案名

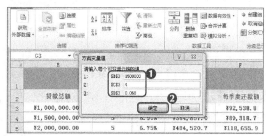

图10-47 设置可变单元格的值

STEP 7 返回"方案管理器"对话框，单击 添加(A)... 按钮，如图10-48所示。

STEP 8 打开"编辑方案"对话框，在"方案名"文本框中输入"丙银行方案1"，单击 确定 按钮，如图10-49所示。

图10-48 添加方案

图10-49 设置方案名

STEP 9 打开"方案变量值"对话框，依次在可变单元格对应的文本框中输入此方案对应的数据，单击 确定 按钮，如图10-50所示。

STEP 10 返回"方案管理器"对话框，单击 添加(A) 按钮，如图10-51所示。

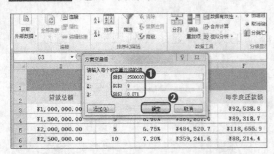

图10-50 设置可变单元格的值

图10-51 添加方案

STEP 11 打开"编辑方案"对话框，在"方案名"文本框中输入"丙银行方案2"，单击 确定 按钮，如图10-52所示。

STEP 12 打开"方案变量值"对话框，依次在可变单元格对应的文本框中输入此方案对应的数据，单击 确定 按钮，如图10-53所示。

图10-52 设置方案名

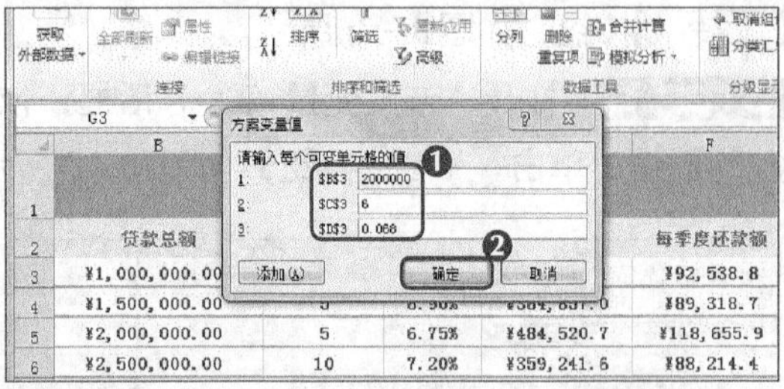

图10-53 设置可变单元格的值

STEP 13 返回"方案管理器"对话框，单击 摘要(U) 按钮，如图10-54所示。

STEP 14 打开"方案摘要"对话框，单击选中"方案摘要"单选项，在"结果单元格"引用"$G$3"单元格地址，单击 确定 按钮，如图10-55所示。

图10-54 生成摘要

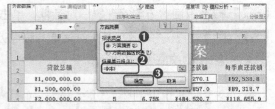

图10-55 设置结果类型

STEP 15 此时将自动建立"方案摘要"工作表，并在其中显示各方案下每月还款额的情况，从中便可选择最符合自身情况的一种方案，如图10-56所示。

图10-56 生成的方案摘要

实训一 制作"成本预测趋势图"表格

【实训目标】

小白刚刚掌握了使用方案管理器预测数据的方法，老张便给她安排了一个任务，要求她制作某个产品的成本预测表，并根据表格内容制作趋势图。

要完成本实训，除了熟练掌握数据的输入、编辑和美化之外，还需要理解预测分析的方法和趋势线的设置。本实训完成后的最终效果如图10-57所示。

 效果所在位置 光盘:\效果文件\项目十\成本预测趋势图.xlsx

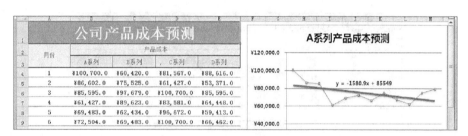

图10-57 "成本预测趋势图"最终效果

【专业背景】

成本预测是指采用科学的方法，对未来成本水平及其变化趋势作出估计，从而能够基本上掌握未来的成本水平及其变动趋势，帮助决策者减少盲目性，易于选择最优方案，作出正确决策。

【实训思路】

完成本实训主要涉及基础数据的输入、编辑、美化，然后预测成本趋势，最后设置趋势线，其操作思路如图10-58所示。

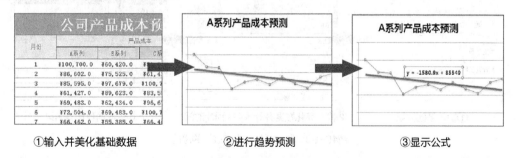

①输入并美化基础数据　　　②进行趋势预测　　　③显示公式

图10-58 制作"成本预测趋势图"的思路

【步骤提示】

STEP 1 分别创建4幅折线图，依次表示各系列产品去年每月的成本变动情况。

STEP 2 利用趋势线对4幅图表进行趋势预测。

STEP 3 要求趋势线为默认的线性类型，并显示公式。

实训二 制作"施工方案表"表格

【实训目标】

公司最近在做一个项目的施工，需要制作施工方案表，计算人数和完成时间，以选择最佳施工方案，老张将该任务交给了小白。

要完成本实训，首先需要输入并美化数据框架，然后计算预计的施工时间，最后通过方案管理器输入各方案并生成摘要查看方案结果。本实训完成后的最终效果如图10-59所示。

 效果所在位置 光盘:\效果文件\项目十\施工方案表.xlsx

方案摘要		当前值:	B队	C队	D队	E队
可变单元格:						
	$B$3	15	20	10	10	15
	$B$4	1.5	1.2	1.4	1.2	1.3
	$B$5	11.6	8.4	14.3	15.8	8.5

图10-59 "施工方案表"最终效果

【专业背景】

项目施工受到多方面的牵制，如财务预算、施工人数、施工质量等，因此需要合理分配施工人数，计算出最优施工方案，从而节省人力物力。一般在施工之前需要计算出多套方案，以供选择。

【实训思路】

完成本实训主要涉及基础数据的输入、编辑、美化，以及预计完工时间的计算和方案管理器的使用，其操作思路如图10-60所示。

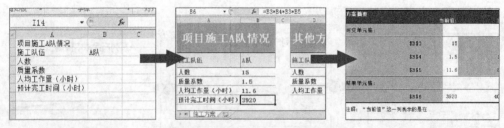

①输入基础框架　　②输入美化数据并计算A队预计时间　　③生成摘要查看结果

图10-60 制作"施工方案表"的思路

【步骤提示】

STEP 1 计算A队预计完工时间，公式为"=人数*质量系数*人均工作量"。

STEP 2 利用方案管理器建立B队、C队、D队、E队的方案，其中可变单元格为B3:B5单元格区域。

STEP 3 将结果单元格设置为B6，生成摘要查看结果。

常见疑难解析

问：趋势线创建后，其颜色与图表颜色相似，不方便数据的分析，有没有更改趋势线颜色的方法？

答：有。在趋势线上单击鼠标右键，在弹出的快捷菜单中选择"设置数据系列格式"命令，然后在打开的对话框的"线条颜色"和"线型"选项卡中即可设置趋势线的线条样式、粗细和颜色。

问：趋势线中的R平方值是什么？它有什么作用？

答：R可以理解为相关系数，类似一元线性回归预测方法里面的R参数，相关系数是反映两个变量间是否存在相关关系，以及这种相关关系的密切程度的一个统计量。该值越接近1，关系越密切，趋势线越可靠，得到的趋势也更加准确。

拓展知识

1．常用财务函数的用法

除了PMT函数外，FV函数和PV函数也是常用的财务函数，其用法分别如下。

- **FV函数**：用于计算在固定利率和等额分期付款方式的前提下，某项投资的未来值。其语法结构为：FV(rate,nper,pmt,pv,type)，其中各参数的含义与PMT函数相同。

- **PV函数**：用于返回投资的现值，该现值为一系列未来付款的当前值的累积和。其语法结构为：PV(rate, nper, pmt, fv, type)，其中各参数的含义与PMT函数相同。

2．常用折旧函数的用法

除了使用公式计提折旧外，Excel还提供了一些常用的折旧函数，使用它们可以更方便地按各种方法计提折旧。

- **DB函数**：采用固定余额递减法来计算某项固定资产在给定期限内的折旧值，其语法结构为：DB(cost,salvage,life,period,month)，其中cost表示固定资产的原值；salvage表示固定资产残值；life表示使用寿命；period表示折旧期间，所使用单位必须与life参数相同；month表示第一年的月份数，此参数可省略，省略后Excel默认为"12"。

- **DDB函数**：采用双倍余额递减法或其他指定方法来计算某项固定资产在给定期限内的折旧值，其语法结构为：DDB(cost,salvage,life,period,factor)，其中factor表示余额递减率，此参数可以省略，省略后默认为2（双倍余额递减法）。其余参数与DB函数中相同参数的函数作用相同。

- **SYD函数**：采用年限总合法来计算某项固定资产在给定期间的折旧值，其语法结构为：SYD(cost,salvage,life,per)，其中per即DB函数中的Period参数，其余参数与DB函数中相同参数的函数作用相同。

课后练习

效果所在位置 光盘:\效果文件\项目十\固定资产折旧明细表.xlsx、产品销售
预测表.xlsx

（1）整理并汇总该公司的固定资产，然后按要求对固定资产进行计提折旧，具体效果
如图10-61所示。

● 创建工作簿，输入标题、项目、固定资产名称以及使用年限的数据记录。

● 美化单元格、字体格式、数据类型，并为表格添加边框。

● 利用"年折旧额=（原值-预计净残值）/使用年限"的公式计算年折旧额。

● 利用"月折旧额=年折旧额/12"的公式计算月折旧额。

固定资产折旧明细表								
固定资产名称	数量	单位	购置日期	原值	预计净残值	使用年限	年折旧额	月折旧额
吊牌变压器	1	台	2007/9/10	¥2,300.0	¥115.0	12	¥182.1	¥15.2
变压器	1	台	2000/10/16	¥10,476.0	¥0.0	12	¥873.0	¥72.8
空调	40	台	2007/10/12	¥189,651.1	¥9,482.6	12	¥15,014.0	¥1,251.2
点钞机	1	台	2009/11/12	¥1,900.0	¥95.0	12	¥150.4	¥12.5
打印机	1	台	2000/10/12	¥10,700.0	¥0.0	12	¥891.7	¥74.3
传真机	2	台	2003/3/12	¥1,830.0	¥0.0	12	¥152.5	¥12.7
复印机	1	台	1997/3/12	¥20,300.0	¥0.0	12	¥1,691.7	¥141.0
电话交换机	1	台	2001/10/12	¥51,978.0	¥0.0	12	¥4,331.5	¥361.0
刻字机	1	台	2002/7/12	¥3,400.0	¥0.0	12	¥283.3	¥23.6
网络交换机	1	台	2002/11/12	¥20,000.0	¥0.0	12	¥1,666.7	¥138.9
实习交换机	1	台	2009/5/12	¥2,000.0	¥100.0	12	¥158.3	¥13.2
投影机	1	个	2004/1/12	¥28,800.0	¥1,000.0	12	¥2,316.7	¥193.1
电视机	5	台	1995/9/12	¥30,150.0	¥0.0	12	¥2,512.5	¥209.4
热水器	2	个	2008/12/12	¥1,900.0	¥95.0	12	¥150.4	¥12.5
书柜椅子	1	套	2001/9/12	¥16,000.0	¥0.0	12	¥1,333.3	¥111.1

图10-61 "固定资产折旧明细表"最终效果

（2）公司销售部将本月产品的名称、计划销量、实际销量、偏差数据整理了出来，需
要通过这些数据对下月的销量进行预测，具体效果如图10-62所示。

● 创建工作簿，输入标题、项目、产品名称、单位、计划销量、实际销量等基础数据。

● 利用"偏差=（实际-计划）/计划"的公式计算销量偏差。

● 利用回归分析工具通过实际与计划的数量来预测下月销量。

● 引用回归分析结果中的"预测 实际"项目直接得到"下月预测"项目的数据。

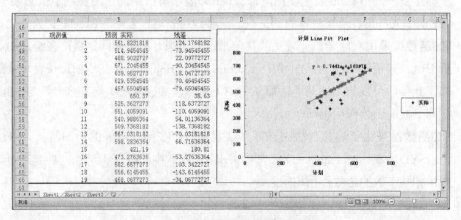

图10-62 "产品销售预测表"最终效果

附录　Excel常用表格模板查询

　　为了有效地帮助使用Excel工作的用户开展工作，提高工作执行力，我们将常见的工作领域进行了重新划分，并在本书配套光盘的"模板库"文件夹中提供了大量的表格模板，包括"行政办公管理模板"、"人力资源管理模板"、"薪资福利管理模板"、"供产销管理模板"、"财务管理模板"等。使用模板时，读者可根据实际情况和工作的具体要求对其进行修改和套用，这样才能提高实际工作效率。

　　以下为"模板库"中的模板查询索引，供用户查询使用，具体内容请参见光盘。

一、行政办公管理模板

1. 部门电话分布一览表.xlsx
2. 部门管理系统调查表.xlsx
3. 部门票据领用情况表.xlsx
4. 部门职员统计表.xlsx
5. 差旅费预支申请表.xlsx
6. 车辆、设备明细登记表.xlsx
7. 出口收汇核销备查表.xlsx
8. 单位帮困救助情况表.xlsx
9. 单位人员车辆基本信息表.xlsx
10. 高级管理人员费用明细表.xlsx
11. 公司分支机构变更事项明细表.xlsx
12. 公司分支机构撤销事项明细表.xlsx
13. 公司分支机构合并事项明细表.xlsx
14. 公司分支机构设立明细表.xlsx
15. 国外进修报名表.xlsx
16. 候选人名单.xlsx
17. 计划学员信息记录表.xlsx
18. 假期值班安排表.xlsx
19. 教职员档案表.xlsx
20. 客户满意程度调查表.xlsx
21. 履历表.xlsx
22. 企业申报说明.xlsx
23. 情况登记表.xlsx
24. 设备请购报告.xlsx
25. 施工企业补充指标表.xlsx

部门电话分布一览表

部　　门	部门电话	负责人	负责人电话	室　号

参加国外××学习班(展览)报名表

单位名称（中文）	
（英文）	
单位地址	
上级主管单位名称	
参展人员姓名(中文)	
（拼音）	
性别	
民族	
本人职务	
身份证号码	
出生年月日	
出生地及国籍	
业务电话、传真	
家庭住址	
家庭电话	
是否申请过赴美签证	

26. 市场信息表.xlsx

27. 事业单位法人基本情况表.xlsx

28. 土地行政管理汇总表.xlsx

29. 行政管理表.xlsx

30. 职工宿舍寝室分配情况表.xlsx

假期值班安排表

部门：

月	日	星期	值班人员	学校电话	家庭电话	手机

二、人力资源管理模板

31. 部门经理绩效考核等级表.xlsx

32. 从业人员学历情况.xlsx

33. 单位改制企业职工情况表.xlsx

34. 公司各部门拟聘人员表.xlsx

35. 绩效基本情况表.xlsx

36. 考勤情况表.xlsx

37. 离退休人员名册.xlsx

38. 离职人员统计表.xlsx

39. 面试成绩表.xlsx

40. 培训成绩单.xlsx

41. 培训考试时间表.xlsx

42. 企业人员培训情况表.xlsx

43. 人才培训课程表.xlsx

44. 人才需求情况汇总表.xlsx

45. 人才招聘报名表.xlsx

46. 人力资源状况普查汇总表.xlsx

47. 人员情况表.xlsx

48. 任职资格培训学员登记表.xlsx

49. 业务培训地点意向调查表.xlsx

50. 专业技术人员基本情况表.xlsx

绩效基本情况表

指标名称	编码	指标值	备注
一、××年参加项目研究工作人员总数		人	
其中：高级职称		人	
中级职称		人	
初级职称		人	
其中：博士		人	
硕士		人	
其中：留学归国人员		人	
二、计划总投资		万元	
1、国家拨款		万元	
2、省财政拨款		万元	
3、市级财政拨款		万元	
4、县级财政拨款		万元	
5、金融机构贷款		万元	
6、自筹资金		万元	

××公司人才招聘报名表

填表时间： 年 月 日

姓　名		性　别		出生年月		
政治面貌		籍　贯				相片
民　族		学　历		学位		
毕业院校及专业						
专业职称及取得时间						
身份证号码			户口所在地			
身　高		健康状况		未婚、已婚或离异		
特长						
现工作单位			户口所在地			
住　址			手机号码			
家庭主要成员情况	姓名	关系	工作单位及职务		政治面貌	
学习简历（含在职教育、主要培训）	起　止　时　间		学校（培训机构）及专业(项目)			

三、薪资福利管理模板

51. 变更住房补贴汇总表.xlsx

52. 单位清欠劳动债务情况表.xlsx

53. 岗位津贴发放明细表.xlsx

54. 工资和津补贴变动审核表.xlsx

55. 工资晋档审批花名册.xlsx

56. 公司竞赛获奖情况统计表.xlsx

57. 公司年度奖项申报审批表.xlsx

58. 合作医疗票据统计表.xlsx

奖金评定情况表

单位(盖章)：　　　　　填表人：　　　　　填表时间：　　　　　负责人签字：

奖金名称	人数	奖励标准(人民币/年)	评奖时间	备注

四、供产销管理模板

五、财务管理模板

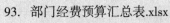

财务收支计划表

编制单位：　　　　　　　　　　　　　　　　　单位：万元

项目	计划		实际	项目	计划		实际
	上报	审定			上报	审定	
一、期初余额				三、资金支出			
				1、材料款			
				其中：集中采购款			
二、资金来源				2、工资			
1、销售收入				3、税金			
(1)自销货款				4、电费			
(2)集中用户货款				5、运费			
2、专项补贴				6、医药费			
3、困难补助补贴				7、专项工程			
4、其他收入				8、上缴项目			
				(1)统筹养老金			
				(2)管理费			
				(3)失业保险金			
				(4)技术开发费			
				(5)内行利息			
				9、安全生产投入			
				10、其他			
合计				合计			

财务指标比较分析表

	指标	单位	计算公式	××年	××年	××年
财务结构	股东权益比率	%	股东权益/期末总资产			
	资本保值增值率	%	期末股东权益/期初股东权益			
偿债能力	负债比率	%	负债总额/资产总额			
	流动比率	%	流动资产/流动负债			
	速动比率	%	(流动资产-存货)/流动负债			
经营能力	存货周转率	次/年	销货成本/存货平均余额			
	应收帐款周转率	次/年	销售收入/应收帐款平均余额			
	总资产周转率	次/年	销售收入/总资产平均余额			
获利能力	销售利润率	%	销售利润/销售收入			
	全部资产报酬率	%	(税后利润+利息支出)/总资产平均余额			
	资本收益率	%	净利润/实收资本平均额			

财政票据注册登记表

收费单位(公章)：　　　　　单位负责人：
地址：　　　　　　　　　　财务负责人：　　　　经办人：
电话：　　　　　　　　　　票管员：　　　　　　　年　月　日

收费票据

收费项目	收费标准	收费许可证号码	备注

专用收据

收款项目	标准	备注

主管部门意见：	财局业务科意见：	财局非税收入办意见：
年　月　日	年　月　日	年　月　日